爱不停顿

杨 静 ◎主编

科学断奶与辅食添加

U0388225

黑龙江出版集团
黑龙江科学技术出版社

图书在版编目（CIP）数据

爱不停顿，科学断奶与辅食添加 / 杨静主编 . -- 哈尔滨：黑龙江科学技术出版社，2017.6
ISBN 978-7-5388-9148-5

Ⅰ . ①爱… Ⅱ . ①杨… Ⅲ . ①婴幼儿－食谱 Ⅳ . ① TS972.162

中国版本图书馆 CIP 数据核字（2017）第 028095 号

爱不停顿，科学断奶与辅食添加

AI BU TINGDUN, KEXUE DUANNAI YU FUSHI TIANJIA

主　编	杨　静
责任编辑	侯文妍
摄影摄像	深圳市金版文化发展股份有限公司
策划编辑	深圳市金版文化发展股份有限公司
封面设计	深圳市金版文化发展股份有限公司
出　版	黑龙江科学技术出版社
	地址：哈尔滨市南岗区建设街 41 号　邮编：150001
	电话：(0451)53642106　　传真：(0451)53642143
	网址：www.lkcbs.cn　　　www.lkpub.cn
发　行	全国新华书店
印　刷	深圳市雅佳图印刷有限公司
开　本	723 mm×1020 mm　1/16
印　张	7
字　数	90 千字
版　次	2017 年 6 月第 1 版
印　次	2017 年 6 月第 1 次印刷
书　号	ISBN 978-7-5388-9148-5
定　价	19.80 元

序言 PREFACE

宝宝一天天长大，从第一次感受到腹中小生命的鲜活，到听见宝宝响亮的哭声，再到宝宝张开小嘴开始喝奶……这一路走来有多不易，相信每个妈妈都深有体会。也正因为如此，每个妈妈都想要给宝宝更多的关爱和好的喂养。

当宝宝长到四五个月大的时候，母乳已逐渐无法满足宝宝的成长发育需求。而辅食，作为宝宝将要初尝到的人生新滋味，意义之大自然无须多言，妈妈们在激动之余自然免不了有些紧张。的确，辅食何时添加，辅食吃什么、吃多少，怎样添加才更合理……这些关于辅食的种种，对于没有经验的新手妈妈来说，可谓是个不小的难题。

相较于市面上销售的品类繁多的辅食产品，亲手为孩子制作的美味辅食，必定是每个妈妈乐于选择的。从选材、制作到烹饪，每个环节都离不开妈妈的爱，用心的同时也在很大程度上确保了食物的营养、安全和卫生。正是基于这样的出发点，我们特此编写了这本《爱不停顿，科学断奶与辅食添加》，旨在为初当妈妈的你提供更多关于辅食添加的帮助和选择。

本书在详尽介绍辅食添加的方法、原则及准备工作等必备知识的基础上，针对4个月到3岁不同年龄段宝宝的营养需求和身体发育特点，精选出上百道深受孩子喜爱的营养辅食，为妈妈提供实用的每日食谱推荐方案，让妈妈的爱更科学，也更合理。此外，我们还考虑到宝宝在生活中可能出现的诸如咳嗽、感冒、发热、腹泻等小毛病，在介绍饮食调理和日常防护的同时，推荐相应的对症调理食谱，为宝宝健康加分。除书中所推荐的美味食谱外，您还可以扫描食谱图片下方附带的二维码或下载"掌厨"APP，获取更多适合宝宝的美味营养食谱。

这世上，唯有爱与美食不可辜负，而辅食之于宝宝，不仅是美食，更是心中温暖记忆的起源。当宝宝慢慢长大，在人生路上迈步的时候，他一定不会忘记妈妈的味道。妈妈们，还等什么呢，赶紧为你的宝宝开启美妙的辅食之旅吧。

Contents 目录

PART 1 断奶添辅食，妈妈入门课

PART 2 踏上辅食配餐之旅，妈妈实践课

PART 3 宝宝不适，辅食调养

PART 1

断奶添辅食，
妈妈入门课

　　宝宝来到这个世界上，吃到的第一份美食就是妈妈的乳汁，乳汁天然营养，是再好不过的食物。然而宝宝渐渐长大，慢慢萌出小牙，他们便开始想要尝点新滋味了。这时妈妈就需要开始给宝宝断奶和准备辅食了。对于新手妈妈的你来说，是否正在为何时给宝宝添加辅食而迟疑，又或是正在为如何给宝宝制作营养又美味的辅食而发愁呢？别担心，所有这些关于断奶和辅食添加的疑惑，以及妈妈们应该知道的断奶和辅食添加的要点，都将在这堂妈妈入门课上得到解答。

预习课：从科学断奶开始

虽然我们知道母乳含有的营养比较全面，而且婴儿吃母乳可以增强抵抗力，但是到了一定的阶段，母乳就不能完全满足宝宝的需求了，所以这个时候我们就要为宝宝添加辅食以保证宝宝能够吃饱，并且营养均衡、健康成长。

及时断奶的必要性

宝宝身体发育需要

对宝宝来说，有营养、适合的食物就是妈妈的乳汁了。医学研究证明，母乳喂养的宝宝因为耳道感染、腹泻、麻疹、过敏等疾病而就医的比例远远低于用奶粉喂养的宝宝。所以如果在宝宝三四个月大就开始断奶，这对宝宝来说，是不公平也不利于其成长的。

但在宝宝长到12个月以后，就需要更加丰富的营养补充进来，而这时母乳的分泌量及营养成分都减少了很多，变成稀薄的奶水，已经不能完全满足宝宝的营养所需了。此时若不及时断奶，宝宝就可能会患上佝偻病、贫血等营养不良性疾病，造成食欲不佳，甚至拒食，出现喂养困难的情况。

妈妈身体状况需要

若不及时断奶，对妈妈的身体也会造成一定损伤。因为妈妈若喂奶时间太久，会导致子宫内膜发生萎缩，从而引起月经不调、内分泌紊乱等症状，还会因为长时间得不到充足的休息，出现睡眠质量不好、食欲不振、营养消耗过多等情况，从而造成体力透支、消瘦憔悴，影响身心健康。

掌握断奶的时机

宝宝断奶的时间，一般情况下是在宝宝长到10个月的时候。但是国外现在也有提倡宝宝母乳喂养到1~2岁的，所以宝宝断奶的时间是一个时间段，在这个时间段内断奶都是比较好的。太早断奶，宝宝的消化系统还没有成熟，吃别的东西代替母乳，宝宝的抵抗力可能会下降。

宝宝到了能断奶的时候，父母还要考虑气候的问题，在换季的时候温度忽冷忽热，这个时期本来宝宝就容易生病，如果在这时断奶，宝宝可能会出现食欲不佳、抵抗力下降、睡眠不好、哭闹等情况，很容易患病。

前两个条件如果已经具备，那就要考虑宝宝的自身状况了。我们建议选择在宝宝身体

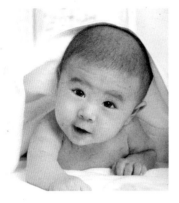

状况良好的情况下断奶，宝宝这时候抵抗能力比较强，即使因为断奶不吃奶粉等情况而出现哭闹不止、睡眠不好的情况也不容易生病。但若宝宝状态不好，就很容易生病。

父母还需要做好两方面的准备，第一个就是在断奶以后如何喂养、如何添加辅食，第二个是断奶过程中的心理准备工作。如果不安排好宝宝断奶期间及以后的饮食，宝宝可能就会因为饮食不规律而吃太多或是吃太少，造成营养不均衡。心理准备就是要想好断奶宝宝可能会出现哭闹和厌食等情况，并准备好解决措施。

断奶的方法

自然而然地发生

不要把断奶当作一件很可怕的事。宝宝到了能够断奶的时候，若已经做了相应的准备，那就不需要担心，因为断奶是一个正常的过程。宝宝通过断奶可以更加快速地成长，接触到更多的食物，营养更加全面。所以把断奶当作一件自然而然的事，然后循序渐进地进行即可。

减少对妈妈的依赖

宝宝吃母乳的过程，除了是为了进食，另外一个很重要的原因是，在吃母乳的时候宝宝会有一种安全感和亲切感，这种感觉让宝宝留恋，继而就会产生依赖。要改变宝宝这个习惯就需要让爸爸多陪宝宝，让宝宝对爸爸也产生相同的亲切感，这样就可以减少宝宝对妈妈的依赖，有利于断奶。

增加喝配方奶的次数

增加宝宝喝配方奶的次数，一方面可以减少宝宝想要喝奶的冲动，另一方面又可以帮助宝宝补充营养，这也是一个科学断奶的方法。为了保证宝宝的营养，这个时候还可以适当地增加辅食，并逐渐增加辅食的种类和每次喂食的量。辅食的加入也会让宝宝减少对于母乳的需求，同时也会让宝宝的营养更加多样化。

减少喝母乳的次数

为了减少宝宝的喝奶次数，妈妈可以少与宝宝见面，比如开始工作，在白天的时候让宝宝看不到妈妈。其次就是断掉夜奶，起初宝宝哭闹的时候，父母可以用白开水代替，宝宝很快就会不吃夜奶了。断掉夜奶能让宝宝一觉睡到天亮，这样更有利于宝宝的健康发育，也有利于断奶。

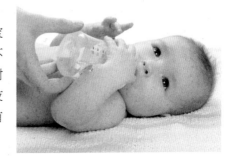

基础课：了解辅食

无论是母乳喂养，还是人工喂养，宝宝到了6个月的时候，只吃母乳或者婴儿配方奶粉已经无法满足他们对营养的需求，这时妈妈就需要开始给宝宝添加辅食了。辅食能够为宝宝提供更丰富的营养，强化宝宝的消化功能，对促进宝宝的身体和智力发育至关重要。现在，就让我们一起进入妈妈学堂第一课，来了解关于辅食添加的基础知识吧。

六色食物给宝宝全面均衡营养

每当雨过天晴，看见天空中出现的七色彩虹时，宝宝总是会开心得手舞足蹈。可是你知道吗，大自然也赐予了我们多种颜色的天然食材，只需将它们合理搭配起来，就能为宝宝的成长构筑一道绚丽的彩虹，让宝宝获得更全面、更均衡的营养。

橙色（黄色）食物：快乐大市营

◎橙色（黄色）食物多为五谷根茎类、豆类和黄色蔬果。

◎明星食物：玉米、小米、薏米、糙米、黄豆、南瓜、胡萝卜、韭黄、柠檬、橙子、菠萝、芒果、木瓜、香蕉等。

◎橙色食物能增进人的食欲，对肠胃有益。橙色食物中含有的胡萝卜素，可以提高宝宝的免疫力，富含的维生素C和番茄红素，有很好的抗氧化作用。橙色食物能强化消化系统，促进血清素的分泌，有助于镇定情绪。宝宝适当吃些橙色食物，会感到心情愉快。

红色食物：血管小卫士

◎红色食物多为偏红、橙色的蔬果及各种禽畜类的肉及肝脏。

◎明星食物：西红柿、草莓、樱桃、西瓜、红枣、枸杞、山楂、红豆、红米、红薯、牛肉、羊肉、猪肉、猪肝、鸡肝等。

◎红色食物含有丰富的铁、番茄红素和维生素C，可以促进宝宝的大脑发育，维持血管弹性，增强宝宝的体质。红色食物中的肉类还含有优质蛋白质和脂肪，能够为宝宝提供充足的能量。

绿色食物：肠胃好帮手

◎绿色食物多为各种绿色的新鲜蔬菜和水果。

◎明星食物：菠菜、空心菜、芦笋、西蓝花、苦瓜、芥蓝、青椒、韭菜、丝瓜、黄瓜、青豆、豌豆、猕猴桃等。

◎绿色代表着自然和活力，绿色食物中含有丰富的膳食纤维，能够增加宝宝的胃肠蠕动，帮助宝

宝更好地消化和吸收，让宝宝胃口大开。其含有丰富的维生素A，还能保护宝宝的视力和帮助身体正常发育。

白色食物：能量加油站

◎白色食物多为米、蛋、奶、鱼类及蔬果中的瓜果类和笋类。

◎明星食物：大米、面粉、糯米、鸡蛋、鱼肉、牛奶、酸奶、土豆、山药、莲子、冬瓜、银耳、白萝卜、梨、荔枝等。

◎白色食物能够为宝宝提供优质的蛋白质和钙质，其中的白色瓜果富含水分和水溶性膳食纤维，可为宝宝补充足够的水分，滋润宝宝幼嫩的肌肤。特别是白色食物中的主食如米、面等，能为宝宝的生长和活动提供重要的能量。

黑色食物：健康守护神

◎黑色食物多为黑色菌菇类、海藻类。

◎明星食物：黑米、黑豆、黑芝麻、黑木耳、海带、香菇、桑葚、黑橄榄等。

◎黑色食物含有丰富的B族维生素、钙、镁、锌等多种营养元素，对宝宝的骨骼及生长发育很有帮助。宝宝多吃一些黑色食物，不仅有益于胃肠消化，还能增强记忆力。

紫色食物：护眼小伙伴

◎紫色食物多为紫色或黑紫色的蔬菜、水果、薯类及豆类等食品。

◎明星食物：茄子、紫甘蓝、紫葡萄、黑加仑、黑树莓、紫薯等。

◎紫色食物拥有天然抗氧化成分，其蔬果中含有的花青素，具有超强的抗血管硬化的神奇功能。此外，紫色食物还是天然"护眼食品"。经常给宝宝吃一些紫色食物，对保护视力非常有益。

增强消化功能助力宝宝成长

随着宝宝月龄的增加，他们的消化吸收功能也在不断完善。适时地添加辅食，能够帮助宝宝增加唾液和其他消化液的分泌量，增强消化酶的活性，强化宝宝的消化功能。

此外，辅食的添加还可促进宝宝牙齿的发育，而牙齿的萌出又能让宝宝更好地咀嚼。出生后的4~6个月，正是宝宝学习咀嚼的关键期，妈妈一定不能让宝宝错过这个时期，否则可能会影响肠道及咀嚼功能的发育。

促进智力发育，开启宝宝智慧

辅食的添加，可以让宝宝在咀嚼的过程中，促进简单知觉的发育，包括嗅神经、视神经、听神经、吞咽神经等神经潜能的开发与完善。可见，辅食的添加不仅关系到宝宝能否摄取到足够的营养，而且对宝宝的智力发育，特别是语言发育很有帮助。硬度、形状和大小不一的食物可以充分锻炼宝宝口周和舌部的小肌肉，对宝宝今后模仿发音、发展语言能力具有重要意义。

强化课：添加辅食

新手妈妈们在了解到辅食的重要性后，是不是已经迫不及待地想要给宝宝添加辅食了？别着急，辅食添加还有很多大学问呢。什么时候添加辅食，辅食添加的顺序、原则，以及有哪些需要注意的地方，这些都是我们本节课将要学习的内容。学完这一课，妈妈们就可以彻底和"菜鸟"说拜拜了。

掌握添加辅食的时间

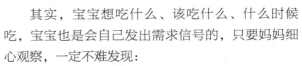

一般，我们建议在宝宝4~6个月的时候就可以开始添加辅食了。原则上，添加辅食的时间不要早于4个月，也不要晚于6个月。过早添加辅食，宝宝可能会因为消化功能尚未成熟而出现呕吐、腹泻等情况；而过晚添加则会造成宝宝营养不良，甚至会不爱吃非乳类的流质食品。但是具体到每个小宝宝，究竟是从第4个月开始添加还是等到第6个月时再添加，妈妈还是应该根据宝宝的健康状况及成长需要来决定。

其实，宝宝想吃什么、该吃什么、什么时候吃，宝宝也是会自己发出需求信号的，只要妈妈细心观察，一定不难发现：

①宝宝的体重达到出生时的2倍。例如，宝宝刚出生时的体重为3.4千克，如果此时体重达到了7千克，就可以考虑开始添加辅食了。

②宝宝每天都会喝1000毫升以上的母乳或奶粉，喂奶次数达8~10次。

③宝宝能扶着坐或靠着坐了，能够控制头部的转动及保持上半身平衡，并能通过前倾、后仰、摇头等简单动作表达想吃或不想吃的意愿。

④当宝宝看见大人吃东西时，会很感兴趣，可能还会来抓勺子、抢筷子，或是在大人把菜从盘子里夹起时伸手去抓。

⑤当妈妈将食物触及宝宝嘴唇时，宝宝会表现出吸吮的动作，会尝试着咽下去，并表现出很开心的样子。

如果宝宝暂时还没有萌生出想吃辅食的念头，妈妈也不要太着急，毕竟每个宝宝的情况都不一样，需要妈妈耐心等待。此外，在成功给宝宝添加辅食后，还需要注意宝宝给你的"食用反馈"，以便及时发现宝宝食用辅食后的异常状况，让宝宝能够吃得更健康。

了解添加辅食的顺序

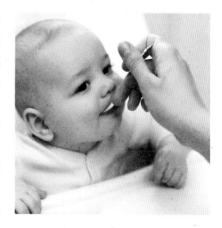

　　辅食添加的顺序很重要。如果妈妈在刚开始添加的时候，就给宝宝吃鸡、鸭、鱼肉等不易消化的食物，会加重宝宝的肠胃负担，进而影响宝宝免疫系统功能的建立。所以，辅食添加的顺序也应该是循序渐进的。

　　从种类上来讲，一般应该按照"谷物（淀粉）—蔬菜—水果—动物性食物"的顺序进行添加。首先添加谷物类食物，如米粉等；其次添加蔬菜汁或蔬菜泥；然后是水果汁或水果泥等；最后再开始添加动物性食物，如蛋羹、鱼泥、肉泥、肉末等。

　　从质地上来讲，应按"液体（如菜水、果汁等）—泥糊（如稀粥、菜泥、肉泥、鱼泥、蛋黄等）—固体（如烂面条、软饭、小馒头片等）"的顺序进行添加。

　　从时间上来讲，1～3个月的宝宝，由于母乳中缺乏维生素A、维生素D，一般建议在宝宝出生后的2～3周可适量添加鱼肝油。宝宝4个月时，可开始添加流食，如奶粉、米糊等；宝宝6个月左右，可开始添加半固体的食物，如稀粥、菜泥、水果泥、鱼泥等，特别是绿叶蔬菜中含有丰富的维生素C和铁质，做成菜泥给宝宝喂食是非常好的；7～9个月的宝宝可逐渐由半固体的食物过渡到可咀嚼的软固体食物，如烂面条、碎菜粥等，以锻炼宝宝的咀嚼能力，帮助牙齿生长；10～12个月的宝宝，可用肉末、菜末做成的粥或面片等代替1～2次奶，为今后断奶做准备；1岁之后除了添加前面所提的食物外，妈妈还可以给宝宝添加面条、馒头、面包、水果等，让宝宝逐渐适应进食以固体食物为主的辅食，帮助宝宝向成人的饮食过渡。

　　这里需要特别提醒各位妈妈注意的是，很多妈妈往往会习惯把鸡蛋作为辅食添加的首选食物，这其实非常不妥。虽然其营养丰富，但过早地给宝宝添加蛋黄，宝宝难以消化，且容易过敏。一般情况下，妈妈应将添加蛋黄的时间推迟到宝宝8个月后。

　　妈妈在制作不同时期的宝宝餐时，还可参考下表中推荐的辅食品种及应供给的营养素，根据宝宝的具体情况，随时进行调整。

宝宝生长周期与辅食添加阶梯表

月龄	3~6个月 吞咽期	7~8个月 咀嚼期	9~12个月 咬嚼期	1~3岁 大口咬嚼期
各阶段宝宝的表现	宝宝喝奶量增大，将食物自动吐出的条件反射消失，开始有意识地张开小嘴接受食物	宝宝进入长牙期，唾液分泌量增加，爱流口水，喜欢咬较硬的东西	宝宝进入断奶期，对母乳的兴趣逐渐减少，喝奶时常常显得无精打采	宝宝进入出牙期，咀嚼能力有明显提高，此时能进食大多数食物了，爱用手抓食物
添加的辅食品种	鱼肝油；米汤、米粉糊、麦粉糊、稀粥；无刺鱼泥、肝泥、动物血、奶类、嫩豆腐花；叶菜汁、果汁、叶菜泥、果泥	鱼肝油；稀饭、烂饭、烂面条、面包；无刺鱼泥、鸡蛋、肝泥、动物血、碎肉末、较大月龄婴儿奶粉、大豆制品；蔬菜泥、果泥	鱼肝油；稀饭、烂饭、面条、面包；鱼肉泥、猪肉泥、鸡蛋羹、豆腐、较大月龄婴儿奶粉；果汁、碎菜末	鱼肝油；稀饭、软饭、饼干、面条、面包、馒头；鱼肉、瘦肉、鸡蛋、肝泥、动物血；蔬菜、水果
辅食供给的营养素	能量，蛋白质，维生素A、B族维生素、维生素C、维生素D，矿物质，膳食纤维等	能量，蛋白质，维生素A、B族维生素、维生素C、维生素D，矿物质，膳食纤维等	能量，蛋白质，维生素A、B族维生素、维生素C、维生素D，矿物质，膳食纤维等	能量，蛋白质，维生素A、B族维生素、维生素C、维生素D，矿物质，膳食纤维等
每天辅食添加参考次数	每天1次，上午喂食为佳	每天2次，上午、下午各1次	逐渐培养宝宝一日三餐的良好进食习惯	每天3次

熟悉添加辅食的原则

妈妈给宝宝添加辅食的时候，心情一定是既紧张又激动的吧。宝宝的成长需要摄入全面均衡的营养，而不仅仅只是限于某些特定成分的多少。如果过早或过多地给宝宝增加不必要的营养，会给宝宝幼小的身体增加不必要的负担。因此，妈妈掌握一些辅食添加的基本原则，将对宝宝顺利进食辅食大有裨益。

从婴儿营养米粉开始

婴儿米粉营养丰富，能够为宝宝提供多种生长必需的营养素，相较于蛋黄、蔬菜泥等这类营养相对单一的食物，米粉更有利于宝宝的成长，且发生过敏的概率也很低，是妈妈为宝宝初次添加辅食的首选食物。妈妈在给宝宝添加米粉时，最初宜先添加单一种类、第一阶段的婴儿营养米粉，这样能较好地确定宝宝是否适合食用此种米粉，如果宝宝无法接受或消化不良，就可及时进行更换。

从一种到多种

妈妈在给宝宝添加辅食的初期，要按照宝宝的营养需求和消化能力逐渐增加食物的种类。当添加宝宝从未吃过的新食物时，需先尝试一种，等宝宝习惯一种后再添加另外一种，且中间还应有3～5天的间隔时间。如果一次添加太多种类，很容易引起不良反应。

从细到粗

宝宝的食物颗粒宜细小，口感要嫩滑。因此，辅食添加初期给宝宝喂食菜泥、果泥、稀粥、米粉糊、菜叶泥等这类泥状食物是比较合适的。这样不仅锻炼了宝宝的吞咽能力，也为以后逐步过渡到固体食物打下了基础，让宝宝能够熟悉各种食物的天然味道，养成不偏食、不挑食的好习惯。到了宝宝快要长牙或正在长牙的时候，妈妈便可以把食物的颗粒逐渐做得粗大一些，以促进宝宝牙齿的生长，并锻炼宝宝的咀嚼能力。

从稀到干

为了迎合宝宝的咀嚼能力，辅食添加初期应给宝宝喂食一些容易消化的、水分较多的流质食物、汤类等，使宝宝容易咀嚼、吞咽和消化。待宝宝适应后，再从半流质食物过渡到各种泥状食物，最后再添加软饭、小块的菜、水果及肉等半固体或固体食物。如果一开始就添加半固体或固体食物，宝宝难以消化，既吸收不好，也容易导致腹泻。

从少到多

每次给宝宝添加新的食品时，宝宝可能会不太适应，因此一天可以只喂一次，而且量不要大。刚开始可先喂一两勺，观察宝宝是否出现不舒服的表现，然后再慢慢增加到三四勺、小半碗，甚至更多。例如添加蛋黄时，可先给宝宝喂1/4个，三四天后如果宝宝没有什么不良反应，且在两餐之间无饥饿感、排便正常、睡眠安稳，再增加到半个蛋黄，以后逐渐增至整个蛋黄。

应该少盐、无糖

糖虽然能够为宝宝提供能量，但摄入过多却会加重肝脏负担，易造成肥胖，对宝宝健康不利。妈妈在制作食物时最好不加糖，这样不仅保持了食物原有的口味，让宝宝尝试到各种食物的天然味道，而且还能从小培养宝宝少吃甜食的良好饮食习惯。

1岁以内的宝宝肾脏功能发育还不完善，如果摄入盐过多会增加宝宝肾脏的负担，对宝宝的肾脏发育不利。1岁以内的宝宝每日所需食盐量不到1克，而奶类和辅食本身所含钠已经足够满足宝宝所需要的量，故添加辅食时不需要再加盐。

根据婴儿健康和消化功能情况添加

给宝宝添加辅食的目的是补充母乳的营养不足，以满足宝宝迅速生长发育的营养需求。但是，婴幼儿期的宝宝身体的各个器官还未成熟，消化功能也较弱，如果辅食添加不当，宝宝就会出现消化不良甚至变态反应。因此，妈妈在给宝宝添加辅食时，要根据宝宝的需要和消化道的成熟程度，按照一定顺序进行。在添加新的辅食时，一定要在宝宝身体健康、消化功能正常的情况下添加。如果宝宝生病或是对某种食物不消化，则应延缓添加的时间或选择更换食物。

易过敏食物多留心

宝宝的胃肠道比较脆弱，很容易发生过敏现象。特别是刚开始添加辅食的阶段，更是宝宝食物过敏的高发期。妈妈在给宝宝添加新品种的辅食后，要细心观察宝宝食用后的反应。如果宝宝出现腹泻、呕吐、皮疹等症状时，一定要立刻停止添加。妈妈们了解一些易引发过敏的食物，以及安全的喂养方法，这样会省去很多不必要的麻烦。

鸡蛋清

8个月内的宝宝无法分解鸡蛋中的蛋白质，因此易发生变态反应。特别是鸡蛋清比鸡蛋黄产生过敏的危险性更高，故给宝宝添加鸡蛋，可以从蛋黄开始，且初次喂食时不要与其他食物同时喂，1岁之后再尝试吃全蛋。

牛奶

牛奶中的蛋白质不同于母乳或配方奶粉，宝宝对牛奶过敏主要是对牛奶中的大分子蛋白过敏，可能导致腹泻或发疹等过敏症状。初次给宝宝喂食时，要少量，且与母乳、奶粉一起喂，若宝宝没有变态反应再逐渐增量。

蜂蜜

蜂蜜中含有激素，且在酿造运输过程中，容易受到肉毒杆菌的污染，宝宝1岁前食用可能引起食物中毒。另外，妈妈也应为宝宝谨慎添加含有蜂蜜的加工食品。

海鲜

海洋中的鱼、虾、蟹、贝壳类等动物性食物，引起过敏的危险性非常高。因此，海鲜可在宝宝18个月以后再开始添加，添加时也要少量、单项进行。

花生

花生是常见的食物过敏原，过敏危险性高且难以消化。初次喂时要磨碎了再吃，有过敏症状的宝宝应至少要隔36个月以后再尝试食用。

杧果

杧果中含有单羟基苯及醛酸，这类物质非常容易引起过敏。特别是未完全成熟的杧果含醛酸较多，对皮肤黏膜有一定的刺激作用，可在宝宝1岁之后再少量喂食。把杧果切成小片食用，可以避免杧果汁直接接触到面部皮肤，降低过敏的概率。

菠萝

菠萝里含有消化蛋白质作用的菠萝蛋白酶，宝宝吃后可能会出现皮肤发痒、潮红等过敏症状。给宝宝喂食菠萝，应先将果皮去掉，切成片加热蒸熟后再给宝宝喂食。

西红柿

西红柿的子含有易引起过敏的成分，可等宝宝1岁后再开始喂。初次喂时，应先将西红柿在沸水里烫一下，剥皮后，将里面的子去除再喂给宝宝。

猕猴桃

猕猴桃里的果酸容易引起宝宝的变态反应，特别是一些有牛奶、海鲜过敏史的宝宝不宜多吃。喂食前要将猕猴桃的皮剥去，再放入水中冲洗。

草莓

草莓子含有易引起过敏的成分，且还会刺激肠胃。可等宝宝1岁后再喂食，初次喂食时要少量，并将有子的表层部分去除。

动手课：制作辅食

终于要进入亲手制作辅食的环节了，想必妈妈们也已经准备好了各种丰富的食材。不过，可千万别忘了制作辅食的必备工具，没有它们的帮忙可就无法大显身手了。妈妈们在激动之余，快来检查一下制作工具是否备齐。此外，在制作辅食的过程中，我们同样还需要一些小"手段"和小技巧，让宝宝轻松爱上辅食。

必备工具一览

宝宝的辅食制作和大人的食物制作有很大区别，尤其是在宝宝断奶期前的辅食制作。除了厨房中已有的菜刀、砧板等这些制作辅食所必需的工具外，还需要一些专用工具来辅助完成，它们在关键时刻会帮上大忙。那么，这些工具你都准备好了吗？

制作工具

制作工具在使用前要先用清洁剂洗净，充分漂洗，用沸水或消毒柜消毒后再开始使用。如果条件允许的话，妈妈还可以为宝宝单独准备一套烹饪用具，以避免交叉污染。

量杯 由于宝宝还不会说话，无法很好地表达自己的意愿，妈妈可参考各个阶段喂食的建议食用量，然后根据宝宝的表现进行调整。等掌握了宝宝每次的进食量之后，就可以用量杯准确地给宝宝准备食物了。

漏勺 漏勺可将汤汁中的残渣滤除干净，给宝宝制作果菜汁时非常有用。在制作果泥、肉泥时，还可以把食物煮熟煮软后放在漏勺上，用勺子按压筛成细蓉。漏勺在使用前要用开水烫一遍，使用后也要及时清洗干净并晾干。

研磨器 研磨器用来将食物磨碎，是制作泥糊状食物的必备工具。使用前，一定要将研磨器清洗彻底，可用开水烫一遍。

削皮器　削皮器可以方便省力地削去水果的表皮，是居家必备的小巧工具。建议妈妈们给宝宝专门准备一个，与平时家用的区分开，以保证卫生。

手动挤橙器　手动挤橙器可为宝宝制作鲜榨的果汁，使用方便，且易清洗。例如制作橙汁，只需将橙子对半切开，把半个橙子在榨汁器上旋转数圈即可。

榨汁机　榨汁机用来为宝宝制作果汁和菜汁。可选有特细过滤网、可以分离部件清洗的榨汁机。作为辅食添加前期的常用工具，妈妈在清洁方面要多加用心，一定要清洗彻底，否则容易滋生细菌，应在使用前后都清洗一次。

蒸锅　蒸锅用来为宝宝蒸食物，像蒸蛋羹、鱼、肉、肝泥等都可以用到。一般常用蒸锅就可以了，也可使用小号蒸锅，这样更省时节能。

汤锅　汤锅用来为宝宝煮汤，也可用来烫熟食物。一般普通汤锅即可，但小汤锅更省时节能，会是妈妈的好帮手。另外，妈妈要尽量选择带锅盖的汤锅。

进食用具

给宝宝的餐具宜尽量选择一些颜色较浅、没有花纹且形状较简单的，这样容易发现污垢，便于及时清洗和消毒。

吸盘碗　吸盘碗的底部带有一个吸盘，能够牢固地吸附在桌子上。宝宝吃饭的时候，妈妈就不用再担心宝宝将碗打翻了。这里需要注意的是，吸盘碗不能直接放进微波炉，否则易导致变形。

硅胶勺子　硅胶勺是特意为宝宝进食而设计的，质地柔软不会伤害到宝宝的口腔，且无毒无味、耐高温，适合给宝宝喂食食物和让宝宝自己学着吃饭时使用。

围嘴　围嘴也叫罩衣，系在宝宝脖子周围可以保持衣服的干净，是伴随宝宝长大必不可少的用品。半岁之前的宝宝只需要防止弄脏胸前的衣服，半岁以后就需要给宝宝准备带袖的罩衣了。

婴儿餐椅 准备一个颜色鲜艳的婴儿餐椅，可促进宝宝的食欲，同时也有助于培养宝宝良好的进餐习惯。等宝宝学会走路之后，妈妈也不用为了喂饭而追着宝宝到处跑。婴儿餐椅不仅可以让妈妈更加轻松地照顾宝宝，也能让宝宝自己在吃饭的过程中找到乐趣。

如何让宝宝爱上辅食

宝宝对妈妈制作的多样化的辅食需要一个接受的过程，因而让宝宝爱上辅食，绝不是一朝一夕就能完成的事，但是掌握一些有用的小窍门，可以帮助宝宝更顺利地接受辅食。

给宝宝准备喜爱的餐具

宝宝都喜欢拥有属于自己独有的东西，妈妈为宝宝准备一套图案可爱、颜色鲜艳的餐具，可以提高宝宝进食的兴趣。要是让宝宝也参与到购买餐具的过程中来，会收到更好的效果。

变着花样做辅食，给宝宝尝试各种新口味

富于变化的辅食可以促进宝宝的食欲，让宝宝保持对吃饭的新鲜感。妈妈还可以在宝宝喜欢的食物里加一些新的辅食，慢慢增加分量和种类。如果宝宝很讨厌某一种食物，妈妈可以在烹调的方法上变换花样。例如在宝宝开始长牙的时候，喜欢嚼一些食物，这时就可以将水果泥变成水果片。

妈妈教宝宝怎样咀嚼食物

有的宝宝由于不习惯咀嚼，可能在喂辅食的时候会用舌头把食物往外推，这个时候，妈妈就需要教宝宝怎么咀嚼食物并吞下去。如果宝宝仍然不会，不妨耐心多示范几次。

提醒宝宝要吃饭了

如果宝宝玩得正高兴，却被吃饭这件事打断的话，就很可能会产生抵触情绪而拒绝吃饭。吃饭前先提醒，有助于宝宝愉快进餐。就算是1岁的小宝宝，也应事先告之他即将要做的事，让宝宝慢慢养成习惯。

尝试让宝宝自己动手吃

当宝宝半岁之后，慢慢开始有了独立心理，想要自己动手吃饭了。这个时候，妈妈可以鼓励宝宝自己拿汤匙吃东西，也可以让宝宝用手抓食物吃，

这样不仅满足了宝宝的好奇心，让他们觉得吃饭是件有意思的事，同时也增强了宝宝的食欲。

学会食物代换原则

如果宝宝讨厌某种食物，也许只是暂时不喜欢吃，妈妈可以先停止喂食，隔段时间再让他吃，在此期间，可以喂给宝宝营养成分相似的替换品。妈妈要多一些耐心，说不定哪天换种烹调方式或者把饭摆成一个可爱的造型宝宝就爱吃了。

营造轻松愉快的用餐氛围

要为宝宝营造一个洁净、舒适的用餐环境，并给宝宝准备固定的桌椅及专用餐具。宝宝吃饭较慢时，不要催促，要多表扬和鼓励宝宝，这样能增强宝宝吃饭的兴趣，让宝宝体会到用餐的快乐。如果宝宝到了吃饭的时间还不觉得饿，妈妈也不要强迫宝宝进食，可以过一段时间再尝试。常常逼迫宝宝进食，会让宝宝产生排斥的心理。

让宝宝跟全家人一起用餐，也有助于宝宝融入用餐氛围并慢慢形成用餐的习惯。这时如果用餐的氛围是愉快而轻松的话，宝宝也会感受到，并且表现得活跃、开心，更乐于尝试各种各样的辅食。

辅食制作窍门

辅食伴随着宝宝的成长，也关系着宝宝的营养和健康。不少新手妈妈由于缺乏经验，总是害怕做得不好而耽误宝宝的成长。其实，妈妈在学习了前面的基础课和强化课之后，已经能够独立制作辅食了，只需再多花一些心思，多注意以下几个方面，一定会成为厨房里的巧手好妈妈。

辅食食材的选择

制作辅食的原料应选择新鲜天然的食物，最好当天买当天吃。存放过久的食物不但营养成分容易流失，还容易发霉或腐败，使宝宝染上细菌和病毒，对宝宝健康不利。蔬菜和水果在烹饪之前要洗净，可用清水或淡盐水浸泡半个小时。蔬菜水果宜选择橘子、西红柿、苹果、香蕉、木瓜等果皮较容易处理、农药污染较少的品种。蛋、鱼、肉、肝等食材要煮熟，以免引起感染或过敏。

用具和餐具的选择

给宝宝制作辅食的用具可选用不锈钢制品，不能用铁、铝制品，宝宝的肾脏发育还不全，器具选材不当会增加肾脏负担。挑选时尽量选择易清洗、易消毒、形状简单、容易发现污垢的用具和餐具。如果选用玻璃制品，也应选择钢化玻璃等不易碎的安全用品。

制作前的准备

给宝宝制作辅食时一定要注意卫生。用来制作和盛放食物的各种工具要提前洗净并用开水烫过；过滤用的纱布使用前要煮沸消毒；制作食品的刀具、锅、碗等要生、熟分开使用。宝宝使用的餐具经常用来盛放美味的食物，很容易滋生细菌，妈妈应特别重视餐具的清洁和消毒。一般洗净后应用沸水煮2~5分钟，消毒频率一天一次即可。

制作辅食的烹饪小细节

在烹饪的过程中要尽量采用天然食物，辅食的精细程度要符合宝宝的月龄特点，不能太油腻，可根据宝宝的消化能力调节食物的形状和软硬度。刚开始时可以将食物处理成汤汁、泥糊状，再慢慢过渡到半固体、碎末状、小片成形的固体食物。蛋、鱼、肉等食材一定要煮熟，并且要注意去掉不容易消化的皮、筋，挑干净碎骨及鱼刺。蛋黄的添加，应先从1/4个甚至更少量的蛋黄开始，逐渐增加到整个蛋黄。

辅食制作禁忌

辅食添加初期，食物的浓度不宜太浓，如蔬菜汁、新鲜果汁，可加水稀释，且不要加香料、味精、糖、食盐等调味品。

建议不要把几种辅食混合在一起给宝宝吃。如果混在一起，宝宝就尝不出什么味道，久而久之就没有什么喜好的食物，这样还会导致宝宝味觉混乱，对宝宝味觉发育没有好处。

营养巧搭配

不同类型的食物其营养成分也不一样，这些营养成分在互相搭配时会产生互补、增强和阻碍的作用。如果妈妈能够注意到这些食物中的营养差别，并找到每种食材的"最佳搭档"，就能提高食物的整体营养价值，从而为宝宝的辅食加分。

还需要注意的是常见食材的搭配宜忌。如猪肉加菱角，会引起肚子痛；牛肉加板栗，会引起呕吐。宝宝肠胃功能不如成人，特别需要注意这些可能引起不适的食物组合。

PART 2

踏上辅食配餐之旅，
妈妈实践课

　　经过前一章的学习，"菜鸟"妈妈们已经掌握了辅食添加的必备知识，接下来从食材的选购、清洗、加工到制作的全部过程，都需要妈妈亲为亲为了。那么，如何让制作辅食的过程变得更简单也更从容呢？我们根据宝宝不同时期的发育特点，为宝宝量身定制了从4个月至3岁，5个年龄段的辅食配餐。妈妈只需跟随宝宝的成长，按照书中所说，即可一步步搭配出既营养美味又健康安全的辅食配餐，让辅食从此成为宝宝成长路上的好伙伴。

4~6个月，开始添加辅食

宝宝长到4~6个月的时候，细心的妈妈可能已经注意到宝宝向你频频发出的"我要吃辅食"的信号了。所以，接下来，该是顺利通过必修课考核的妈妈们大显身手的时间了。由于这个阶段的宝宝暂时还只适合吃一些较为单一的食物，因此流质和泥糊状食物，如蔬果汁、米粉、菜泥、果泥等都是宝宝辅食很好的选择。本章为妈妈们准备了多道适合宝宝辅食添加初期食用的营养食谱，让宝宝能够张开小嘴，吧嗒吧嗒，顺利进入辅食乐园。

 宝宝发育情况

发育指标		4个月	5个月	6个月
体重/千克	男孩	5.9~9.1	6.2~9.7	6.6~10.3
	女孩	5.5~8.5	5.9~9.0	6.2~9.5
身高/厘米	男孩	59.7~69.5	62.4~71.6	64.0~73.2
	女孩	58.6~68.2	60.9~70.1	62.4~71.6
头围/厘米	男孩	39.7~44.5	40.6~45.4	41.5~46.7
	女孩	38.8~43.6	39.7~44.5	40.4~45.6
胸围/厘米	男孩	38.3~46.3	39.2~46.8	39.7~48.1
	女孩	37.3~44.9	38.1~45.7	38.9~46.9
咀嚼功能		唾液腺发育良好，唾液分泌增多，常常流口水；喜欢吮吸自己的手指和拳头	看到玩具或物品时会放到嘴里，做出吮吸或舔的动作；经常用手触碰牙龈	伸舌反射被吞咽反射取代；发育快的宝宝已经开始长牙
智力特征		喜欢玩自己的手；高兴时会发出清脆的笑声；认识熟悉的物品，能抓取距自己不远处的小玩具；会伸手要妈妈抱	知道区别陌生人和熟悉的人，依赖父母，听到父母的声音会很高兴；害怕陌生环境	能分辨不同的声音，看见亲近的人会咿呀地叫喊；会模仿大人的动作；喜欢照镜子
体能特征		能用双臂支撑起上半身；大人扶着坐时能挺起头部，并会转头寻找声音的来源；能看清4~7米的景物	喜欢吃自己的小脚丫；能自己翻身；平卧时会举起伸直的双腿；俯卧时，双肘和双臂能向前伸直，并能支撑胸部离开床面	可以自己坐一会儿；喜欢被大人扶着跳跃；手腕能自由活动，做出爬代的姿势；喜欢撕扯纸张

每日营养需求

能量	蛋白质	脂肪	烟酸	叶酸	维生素A
397千焦/千克体重 非母乳喂养加20%	1.5~3.0克/千克体重	总能量的40%~50%	2毫克烟酸当量	65微克叶酸当量	400微克视黄醇当量
维生素B$_1$	维生素B$_2$	维生素B$_6$	维生素B$_{12}$	维生素C	维生素D
0.2毫克	0.4毫克	0.1毫克	0.4微克	40毫克	10微克
维生素E	钙	铁	锌	镁	磷
3毫克α–生育酚当量	300毫克	0.3毫克	1.5毫克	30毫克	150毫克

每日食谱推荐

	时间	食谱
上午	6:00	母乳或配方奶150~200毫升
	10:00	母乳或配方奶150~200毫升
	12:00	营养米粉15克
下午	14:00	母乳或配方奶150毫升
	17:30	米汤30克
晚上	21:00	母乳或配方奶150毫升
	24:00	母乳或配方奶150毫升

辅食还可以用蔬果泥、蔬果汁等代替；给宝宝喂适量鱼肝油，每天1次；保证饮用适量白开水。

哺乳与辅食配餐

	4个月	5个月	6个月
哺乳次数	4~6次/天	4~6次/天	4~6次/天
每次哺乳量	母乳或配方奶150~200毫升/次	母乳或配方奶150~200毫升/次	母乳或配方奶150~200毫升/次
辅食黏稠度	10倍粥		8倍粥
辅食次数	1~2次/天		
每次辅食量	无固定，适量		60~100毫升
辅食食材	营养米粉、大米、黄瓜、南瓜、土豆	4个月辅食食材+菜花、白萝卜、西蓝花、香蕉、苹果、西瓜	5个月辅食食材+胡萝卜、菠菜、猪里脊肉、鸡胸肉、鸡肝、梨、桃
小叮咛	最开始从营养米粉开始添加；喂养3~7天后再尝试添加一种蔬菜；新食材的添加间隔时间为3~7天；辅食建议在哺乳期喂食；宝宝身体或情绪不好时，不宜添加辅食		基本按前面的喂养方式进行，可以开始尝试添加富含蛋白质的肉末、鸡肝等荤菜

黄瓜米汤

主要营养素：蛋白质、维生素C、胡萝卜素、钙、铁

◑ 原料：水发大米120克，黄瓜90克

◑ 做法：

1. 清洗干净的黄瓜切成片，再切丝，改切成碎末，备用。

2. 砂锅中注入适量清水烧开，倒入洗好的大米，搅拌匀。

3. 盖上锅盖，烧开后用小火煮1小时至其熟软。

4. 揭开锅盖，倒入黄瓜，搅拌均匀。

5. 再盖上锅盖，用小火续煮5分钟。

6. 揭开锅盖，搅拌一会儿。

7. 将煮好的米汤盛出，装入碗中即可。

营养功效

　　大米含有较高的营养价值，糖类、B族维生素含量丰富，具有益中补气、健脾养胃的功效；黄瓜中所含的维生素C，有助于增强宝宝免疫力，促进宝宝生长发育。

清淡米汤

主要营养素：蛋白质、维生素和矿物质

● 原料：水发大米90克

营养功效

● 做法：

1.将已经浸泡好的大米倒入碗中，注入适量清水，搓洗干净，沥干水分，备用。

2.砂锅中注入适量清水烧开，倒入已经准备好的大米。

3.搅拌均匀。

4.盖上盖，烧开后用小火煮20分钟，至米粒全部熟软。

5.揭盖，搅拌均匀。

6.将煮好的粥滤入碗中。

7.待米汤稍微冷却后即可饮用。

　　大米含有蛋白质、维生素、矿物质，其所含的蛋白质能为肌肉组织的发育提供营养。用大米制成米汤，可提高宝宝的食欲，促进营养物质的消化吸收，增强宝宝的免疫力。

蔬菜米汤

主要营养素：糖类、维生素A、维生素C和矿物质

● 原料：土豆100克，胡萝卜60克，水发大米90克

● 做法：

1.把去皮洗净的土豆切片，切成丝，改切成粒。

2.洗好的胡萝卜切片，切成丝，改切成粒。

3.汤锅中注入适量清水，用大火烧开，倒入水发大米。

4.加入切好的土豆、胡萝卜，搅拌匀。

5.盖上盖，用小火煮30分钟至食材熟透。

6.揭盖，把锅中材料盛入滤网中，滤出米汤，倒入碗中。

7.待稍凉后即可饮用。

营养功效

土豆含有丰富的维生素A、维生素C及矿物质，婴幼儿常食可开胃健脾，与胡萝卜、大米搭配食用，还有保护视力、促进生长发育和提高免疫力的作用。

土豆碎米糊

主要营养素：蛋白质、B族维生素和纤维素

◖原料： 土豆85克，大米65克

◖做法：

1.土豆切丁，装盘备用。

2.取榨汁机，选择搅拌刀座组合，将土豆丁放入杯中，加入适量清水。

3.选择"搅拌"功能，将土豆榨成汁。

4.选择干磨刀座组合，将大米放入搅拌杯中，选择"干磨"功能，将大米磨成米碎。

5.奶锅置于旺火上，倒入土豆汁，煮开后调成中火，加入磨好的米碎。

6.用汤勺持续搅拌，煮成黏稠的米糊。

7.将煮好的米糊盛出，装入碗中即可。

营养功效

此糊是宝宝的辅食佳品，其中土豆含有B族维生素及优质纤维素，具有营养价值高、易消化的特点，宝宝适量食用能促进肠道的蠕动，帮助消化。

营养食谱

南瓜碎米糊

主要营养素：蛋白质、糖类、胡萝卜素和矿物质

◑ 原料： 南瓜200克，大米65克

◑ 做法：

1.南瓜切小块；取榨汁机，选择搅拌刀座组合，放入南瓜块，加入适量清水。

2.选择"搅拌"功能，将南瓜榨成汁。

3.选择干磨刀座组合，将大米放入杯中，选择"干磨"功能，将大米磨成米碎。

4.奶锅置于火上，倒入南瓜汁，搅拌，大火煮沸，倒入磨好的米碎。

5.用勺子持续搅拌约20分钟，煮至成稠糊，盛出即可。

营养功效

　　南瓜含有的淀粉，在体内能转化为葡萄糖，易消化吸收，且能为宝宝的大脑发育提供能量。此外，南瓜中含有的胡萝卜素，是维生素A的前体，有利于宝宝的视力发育。

营养食谱

胡萝卜白米香糊

主要营养素：蛋白质、糖类、胡萝卜素、钙

原料： 胡萝卜100克，大米65克

做法：

1. 胡萝卜切丁，装盘备用。
2. 取榨汁机，选搅拌刀座组合，把胡萝卜放入杯中，向杯中加入适量清水。
3. 选择"搅拌"功能，将胡萝卜榨成汁，装碗。
4. 选干磨刀座组合，将大米放入杯中，选择"干磨"功能，将大米磨成米碎。
5. 奶锅置于火上，倒入胡萝卜汁，用大火煮沸。
6. 轻轻搅拌几下，倒入米碎，搅匀，煮成米糊。
7. 起锅，将煮好的米糊盛出，装碗即可。

营养功效

　　此糊营养全面、易消化，既能为婴幼儿提供充足的能量，又能为其生长发育提供所必需的营养素，尤其是胡萝卜中的胡萝卜素可保护宝宝的视力。

营养食谱

鸡肝糊

主要营养素：维生素A、蛋白质、钙、铁、锌

◗ 原料：鸡肝150克，鸡汤85毫升

◗ 调料：盐少许

◗ 做法：

1.将洗净的鸡肝装入盘中，放入烧开的蒸锅中。

2.用中火蒸15分钟，至鸡肝熟透。

3.把蒸熟的鸡肝取出，放凉待用。

4.用刀将鸡肝压烂，剁成泥状；把鸡汤倒入汤锅中，煮沸。

5.调成中火，倒入备好的鸡肝。

6.用勺子拌煮1分钟至成泥状，加入少许盐，搅匀至入味。

7.将煮好的鸡肝糊倒入碗中即可。

营养功效

　　鸡肝含有丰富的维生素A和铁元素，具有维持宝宝正常生长发育的作用，能保护眼睛，维持正常视力，防止眼疲劳；鸡汤富含蛋白质，还能促进宝宝大脑的正常发育。

营养食谱

土豆稀粥

主要营养素：糖类、蛋白质、维生素、钾

◐ 原料：米碎90克，土豆70克

◐ 做法：

1.去皮的土豆切小块，放在蒸盘中，待用。

2.蒸锅上火烧开，放入装有土豆的蒸盘。

3.用中火蒸20分钟至土豆熟软，放凉待用。

4.将放凉的土豆压碎，碾成泥状，装盘待用。

5.砂锅中注入适量清水烧开，倒入备好的米碎，搅拌均匀。

6.烧开后用小火煮约20分钟至米碎熟透，倒入土豆泥。

7.搅匀，继续煮5分钟，盛出即可。

营养功效

土豆含丰富的赖氨酸和色氨酸，能弥补大米中赖氨酸的不足，为宝宝的生长发育提供必需的氨基酸。土豆还是富含钾、锌、铁的食物，能保证宝宝正常的新陈代谢。

营养食谱

甜南瓜稀粥

主要营养素: 糖类、胡萝卜素、B族维生素、膳食纤维

◖ **原料**: 米碎60克, 南瓜75克

◖ **做法**:

1. 洗好去皮的南瓜切小块, 装入蒸盘中。

2. 蒸锅置于火上烧开, 放入装有南瓜的蒸盘。

3. 用中火蒸20分钟至其熟软, 取出放凉。

4. 将放凉的南瓜碾成泥, 装盘备用。

5. 砂锅中注入适量清水, 大火烧开, 倒入米碎, 将其搅散。

6. 用大火烧开后转小火煮20分钟至熟软, 倒入南瓜泥, 混匀。

7. 盛出煮好的南瓜稀粥即可。

营养功效

　　南瓜含有胡萝卜素、B族维生素、锌等营养成分, 具有维持正常视力、促进骨骼发育和增进小儿食欲等功效; 此粥还易于消化, 特别适合消化功能还未发育完善的宝宝食用。

黄瓜粥

主要营养素：膳食纤维、维生素、矿物质

原料： 黄瓜85克，水发大米110克

调料： 芝麻油适量

做法：

1. 洗净的黄瓜切开，再切成细条状，改切成小丁块，备用。
2. 砂锅注入适量清水烧开，倒入泡好洗净的大米，拌匀。
3. 盖上锅盖，煮开后用小火煮30分钟。
4. 揭开锅盖，倒入切好的黄瓜，拌匀，煮至沸。
5. 淋入适量芝麻油。
6. 搅拌均匀，续煮至食材入味。
7. 关火后盛出煮好的粥即可。

营养功效

黄瓜性凉味甘，具有清热利水、解毒的功效。黄瓜含有的B族维生素，对改善大脑和神经系统功能有利，能安神定志；黄瓜中的维生素C还能增强免疫力，预防幼儿感冒。

7~9个月，给宝宝试试烂面条

7~9个月的宝宝已经开始学着咀嚼东西，而经过之前合理的进食计划，宝宝也越来越能接受泥糊状的食物。这时，妈妈可以适当地添加一些较细软的食物，如烂面条、菜末等，来锻炼宝宝的咀嚼能力，让宝宝的小舌头和口腔变得更灵活。本节同样依据宝宝的生长发育特点和营养需求，推荐多道营养配餐，让妈妈花较少的时间，即可为宝宝做出新鲜"无添加"的美味辅食。

宝宝发育情况

发育指标		7个月	8个月	9个月
体重/千克	男孩	6.7~9.7	6.9~10.2	7.0~10.5
	女孩	6.3~10.1	6.4~10.2	6.6~10.4
身高/厘米	男孩	65.5~74.7	66.2~75.0	67.9~77.5
	女孩	63.6~73.2	64.0~73.5	64.3~74.7
头围/厘米	男孩	42.0~47.0	42.2~47.6	43.0~48.0
	女孩	40.7~46.0	41.2~46.3	42.1~46.9
胸围/厘米	男孩	40.7~49.1	41.3~49.5	41.6~49.6
	女孩	39.7~47.7	40.3~46.5	40.4~48.4
咀嚼功能		部分宝宝开始出牙，一些孩子有了第一颗牙；长牙时牙床会痒或疼；喜欢捡起周围的东西放到嘴里	多数宝宝已出牙，但宝宝出牙的时间不一样，有的在10个月才开始长；一般情况是先长出2颗下门牙，然后长出2颗上门牙	若断奶顺利，则可吃大部分食物了，包括含少量纤维的食物，如捣碎的蔬果或煮好的米糊
智力特征		关心外界事物，会低头找东西；对认识的人会微笑；父母指导下，会用手作揖表示"欢迎"，或用飞吻表示"再见"	能准确指出身体的部位；听到自己的名字会有反应；有初步的模仿能力，会模仿大人的动作和声音，发出"ma、ba"等单音节	会把注意力集中在感兴趣的事物上，喜欢看带有图案的书；害怕高的地方；厌烦重复的事物
体能特征		能独坐玩耍10分钟以上；小手能向前俯抓更多东西；身体可以自由翻滚；能把东西在两手之间互换，或拿着东西往下敲	坐时能同时拿起两个东西；会拍手、摇手；会爬行；能准确地用手抓住物体；会寻找从自己手中掉下的物品	会拿着瓶子和杯子；会双手拿着东西互相拍打；会用手指指想要的东西

每日营养需求

能量	蛋白质	脂肪	烟酸	叶酸	维生素A
397千焦/千克体重 非母乳喂养加20%	1.5~3.0克/千克体重	总能量的35%~40%	3毫克烟酸当量	80微克叶酸当量	400微克视黄醇当量

维生素B₁	维生素B₂	维生素B₆	维生素B₁₂	维生素C	维生素D
0.3毫克	0.5毫克	0.3毫克	0.5微克	50毫克	10微克

维生素E	钙	铁	锌	镁	磷
3毫克α-生育酚当量	400毫克	10毫克	5毫克	70毫克	300毫克

每日食谱推荐

上午	6:00	母乳或配方奶180~210毫升
	8:00	白菜粥40克,鲜果汁50毫升
	10:00	鸡肝泥20克,小米粥20克
	12:00	母乳或配方奶180~210毫升
	14:00	饼干1小块,芹菜土豆粥50克
下午	16:00	蔬菜汁30毫升
	18:00	肉末粥50克,水果蔬菜碎50克
晚上	21:00	母乳或配方奶180~210毫升

宜在吃完辅食后再授乳;鱼肝油每天1~2滴;14:00~14:30辅食量要逐渐增多。

哺乳与辅食配餐

	7个月	8个月	9个月
哺乳次数	3~4次/天	3~4次/天	3~4次/天
每次哺乳量	母乳或配方奶180~210毫升/次	母乳或配方奶180~210毫升/次	母乳或配方奶180~210毫升/次
辅食黏稠度	5倍粥		
辅食次数	2次/天	3次/天	3次/天
每次辅食量	80~120毫升		
辅食食材	6个月辅食食材+燕麦、黄豆、玉米、黄鱼、小银鱼、鳕鱼、木瓜、酥脆饼干	7个月辅食食材+蛋黄、小米、香菇、白菜、山药、猪肝、三文鱼、原味酸奶(无变态反应时)	8个月辅食食材+黑米、芝麻、红薯、牡蛎、豆芽、芹菜、苋菜、哈密瓜、食用油
小叮咛	母乳和奶类仍旧是宝宝的主食;每次只加一种新辅食;辅食喂食量日益增加,慢慢用辅食代替某一时间段的母乳或奶粉,为断奶打好基础;辅食应少盐、无糖;辅食应在喂奶之前喂		在前一阶段的基础上,食材种类更丰富,质地逐渐加硬;每天可加餐2~3次,可喂食蒸熟的土豆或南瓜

营养食谱

山药鸡丁米糊

主要营养素：糖类、蛋白质、维生素、矿物质

🔵 **原料：** 山药120克，鸡胸肉70克，大米65克

🔵 **做法：**

1. 鸡肉、山药切丁，放入装有清水的碗中备用。

2. 取榨汁机，选绞肉刀座组合，把鸡肉丁搅碎。

3. 再取搅拌刀座组合，把山药丁和清水一起倒入杯中，榨取山药汁。

4. 选干磨刀座组合，将大米磨成米碎。

5. 汤锅中注入适量清水，倒入山药汁、鸡肉泥，拌匀，煮至沸腾。

6. 大米碎用水调匀后倒入锅中，用勺子持续搅拌，煮成米糊。

7. 把米糊装碗即可。

营养功效

山药含有大量的淀粉和维生素等营养成分，可以促进肠蠕动，适合消化不良的宝宝食用；鸡胸肉含有大量优质蛋白质，有助于宝宝肌肉组织的生长。

南瓜小米糊

主要营养素：钙、卵磷脂、维生素

◖ **原料：** 南瓜160克，小米100克，蛋黄末少许

◖ **做法：**

1.去皮洗净的南瓜切片，摆放在蒸盘中，置于烧开的蒸锅内。

2.用中火蒸至南瓜变软，取出放凉。

3.把放凉的南瓜制成南瓜泥，待用。

4.汤锅中注入适量清水烧开，倒入洗净的小米，轻轻搅拌几下。

5.煮沸后用小火煮约30分钟，倒入南瓜泥。

6.撒上备好的蛋黄末，搅拌匀，煮沸。

7.盛出煮好的小米糊，装在小碗中即成。

营养功效

　　南瓜中的果胶可以保护胃肠道黏膜免受粗糙食物的刺激，比较适合肠胃不好的幼儿食用。此外，南瓜含有的维生素D可促进钙、磷的吸收，对小儿的骨骼发育有益。

营养食谱

小米芝麻糊

主要营养素：不饱和脂肪酸、维生素E、矿物质

● 原料： 水发小米80克，黑芝麻40克

● 做法：

1.取杵臼，倒入黑芝麻，捣成末。

2.倒出捣好的芝麻，装盘待用。

3.砂锅中注入适量清水烧开，倒入洗净的小米，搅拌匀。

4.盖上盖，烧开后用小火煮约30分钟至熟。

5.揭开盖，倒入芝麻碎，搅拌均匀。

6.再盖上盖，用小火续煮约15分钟至入味，揭开盖，搅拌几下。

7.关火后盛出煮好的芝麻糊即可。

营养功效

　　黑芝麻具有滋补肝肾、养血润燥等功效，且含有的不饱和脂肪酸对婴幼儿的大脑发育非常有益，含有的维生素E还可预防近视的发生。

营养
食谱

白菜焖面糊

主要营养素：蛋白质、维生素、矿物质、钙

◑ **原料：** 小白菜60克，泡软的面条150克，鸡汤220毫升

◑ **调料：** 盐、生抽各少许

◑ **做法：**

1.将洗净的小白菜剁成粒，装入小碟中备用。

2.再把泡软的面条切成段，备用。

3.汤锅置于火上，倒入鸡汤，煮至汤汁沸腾，下入面条。

4.用勺子搅散，煮1分钟至其七成熟，调小火，将小白菜倒入锅中。

5.转大火，放入盐、生抽，拌煮至全部食材熟透、入味。

6.把煮好的面条盛出，装入汤碗即可。

营养功效

　　小白菜含有丰富的维生素和矿物质，能补充幼儿身体发育所需的营养，有助于增强机体免疫力。此外，鸡汤含钙较高，对小儿骨软、发秃等有辅助治疗的作用。

芝麻米糊

主要营养素：铁、锌、卵磷脂、糖类

● 原料： 粳米85克，白芝麻50克

● 做法：

1.炒锅烧热，倒入洗净的粳米，用小火翻炒一会儿至米粒呈微黄色。

2.倒入备好的白芝麻，炒出芝麻的香味，盛出，待用。

3.取来榨汁机，选用干磨刀座及其配套组合，倒入炒好的食材，磨成粉状。

4.汤锅中注入适量清水烧开，放入芝麻米粉，慢慢搅拌几下。

5.用小火煮片刻，至食材呈糊状。

6.盛出煮好的芝麻米糊，放在小碗中即成。

营养功效

　　白芝麻含有卵磷脂、钙、铁、锌等营养成分，幼儿适量食用，可以补充所缺乏的铁、锌等营养物质，且白芝麻所含的卵磷脂有促进幼儿智力发育的作用。

玉米山药糊

主要营养素：谷氨酸、卵磷脂、碘、钙、铁

● 原料：山药90克，玉米粉100克

● 做法：

1.将去皮洗净的山药切条，再切小块。

2.取一干净的小碗，放入备好的玉米粉，倒入适量清水，边倒边搅拌，至玉米粉完全融化，制成玉米糊，待用。

3.砂锅中注入适量清水烧开，放入山药丁。

4.搅拌匀，倒入调好的玉米糊，边倒边搅拌。

5.用中火煮约3分钟，至食材熟透。

6.盛出煮好的山药米糊，装碗即成。

营养功效

玉米富含淀粉和卵磷脂，且玉米所含的钙、磷、铁等元素均高于大米，对婴幼儿的大脑发育非常有利，玉米中还含有较多的谷氨酸，能提高宝宝的免疫力。

营养食谱

香蕉燕麦粥

主要营养素：亚油酸、纤维素、维生素、钾

◉ 原料：水发燕麦160克，香蕉120克，枸杞少许

◉ 做法：

1.将洗净的香蕉剥去果皮，把果肉切成片，再切条形，改切成丁，备用。

2.砂锅中注入适量清水烧热。

3.倒入洗好的燕麦。

4.盖上盖，烧开后用小火煮30分钟至燕麦熟透。

5.揭开盖，倒入备好的香蕉、枸杞，搅拌匀，用中火煮5分钟。

6.关火后盛出煮好的燕麦粥即可。

营养功效

燕麦中含有人体不能合成的亚油酸，它对婴幼儿的视网膜和大脑发育都有重要作用；香蕉富含纤维素，具有润肠通便、润肺止咳、清热解毒等功效。

营养
食谱

绿豆荞麦燕麦粥

主要营养素：蛋白质、膳食纤维、B族维生素

◐ 原料：水发绿豆80克，水发荞麦
100克，燕麦片50克

◐ 做法：

1.砂锅中注入适量清水烧热，倒入洗好的荞麦、绿豆，搅拌匀。

2.盖上盖，待水烧开后再改用小火续煮约30分钟。

3.揭开盖，搅拌几下，放入燕麦片，拌匀。

4.再盖上盖，用小火续煮约5分钟至食材熟透。

5.揭开盖，搅拌均匀。

6.关火后盛出煮好的粥即可。

营养功效

　　本品营养丰富，能为婴幼儿的生长发育提供必需的营养素。其中，绿豆有增进食欲、清热解毒、利水消肿等功效；燕麦和荞麦中纤维素含量较高，能预防幼儿便秘。

营养食谱

小米黄豆粥

主要营养素：蛋白质、维生素、矿物质

● 原料： 小米50克，水发黄豆80克，葱花少许

● 调料： 盐1克

营养功效

● 做法：

1.砂锅中注入适量清水，烧开，倒入清洗干净的黄豆。

2.再加入泡发好的小米，用锅勺将锅中食材搅拌均匀。

3.转大火烧开，调小火煮30分钟至小米熟软。

4.搅拌一会儿，加入盐。

5.快速拌匀至入味。

6.盛出做好的小米黄豆粥，装入碗中，放上适量葱花即可。

　　黄豆富含优质蛋白质，能为发育期的婴幼儿提供必需的氨基酸，且黄豆中含有的不饱和脂肪酸还能促进宝宝的大脑发育。

营养食谱

鸡肉胡萝卜碎米粥

主要营养素：蛋白质、糖类、维生素、矿物质

● 原料：鸡胸肉90克，土豆、胡萝卜各95克，大米65克

● 调料：盐少许

营养功效

● 做法：

1.去皮洗净的土豆切粒，胡萝卜切粒，鸡胸肉剁成肉泥。

2.取榨汁机，选干磨刀座组合，将大米放入杯中，磨成米碎，装入碗中，备用。

3.汤锅中加入适量清水，倒入土豆粒、胡萝卜粒，煮至熟。

4.倒入鸡肉泥，放入少许盐，搅拌均匀。

5.将米碎用水调匀后倒入锅中，用勺子持续搅拌20分钟，煮成米糊。

6.关火，把煮好的米糊装入碗中即可。

鸡肉性微温，肉质细嫩，滋味鲜美，含有丰富的优质蛋白，做成肉泥后，可作为半岁以后的宝宝的日常辅食，对体质虚弱、食欲不佳的宝宝尤为适宜。

营养
食谱

胡萝卜菠菜碎米粥

主要营养素：糖类、钾、胡萝卜素、纤维素

◗ **原料**：胡萝卜30克，菠菜20克，软饭150克

◗ **调料**：盐1克

◗ **做法**：

1. 将洗净的胡萝卜切片，再切成丝，改切成粒。

2. 洗好的菠菜切丝，再切碎。

3. 锅中注入适量清水烧开，再倒入软饭，用勺搅拌均匀。

4. 用小火煮20分钟至软饭熟烂。

5. 倒入切好的胡萝卜，搅拌匀。

6. 放入备好的菠菜，搅拌匀，煮至沸，加入盐，拌匀调味。

7. 将煮好的粥盛出，装入碗中即可。

营养功效

大米具有补脾、和胃、清肺的作用，其含有的淀粉能在人体内转化为葡萄糖，为脑部发育提供能量；胡萝卜可促进婴幼儿的视力发育，预防近视的发生。

营养食谱

红豆南瓜粥

主要营养素：蛋白质、脂肪、B族维生素、钾

● 原料： 水发红豆85克，水发大米100克，南瓜120克

● 做法：

1.洗净去皮的南瓜切丁，备用。

2.砂锅中注入适量清水烧开，倒入洗净的大米，搅拌均匀。

3.加入洗好的红豆，搅拌匀。

4.用小火煮30分钟，至食材软烂，倒入南瓜丁，搅拌匀。

5.用小火续煮5分钟，至全部食材熟透，搅拌一会儿。

6.将煮好的红豆南瓜粥盛出，装入碗中即可。

营养功效

　　南瓜含有的B族维生素等营养成分，能促进胆汁分泌和肠胃蠕动，帮助食物消化。常食此粥，还能增强宝宝的免疫力，为宝宝提供足够的能量。

10~12个月，可以开始吃饭了

宝宝10~12个月的时候，小牙越长越多，已经能够咀嚼较硬的食物了。这时候的宝宝正处于婴儿期的最后阶段，生长速度较之前虽有所下降，但宝宝的胃口也在开始逐渐增大，能量供给依然不能忽视。因此，妈妈可以将辅食的种类从稠粥转为软饭，从烂面条转为小馄饨、包子、馒头片等，在粥、饭中还可添加一些蔬果粒以增加食物的硬度。随着宝宝辅食种类的不断变化和逐渐增多，妈妈们是不是开始觉得，制作辅食其实一点都不麻烦呢！

宝宝发育情况

发育指标		10个月	11个月	12个月
体重/千克	男孩	7.4~11.4	7.7~11.9	8.0~12.2
	女孩	6.7~10.9	7.2~11.2	7.4~11.6
身高/厘米	男孩	68.7~77.9	70.1~80.5	71.9~82.7
	女孩	66.5~76.4	68.8~79.2	70.3~81.5
头围/厘米	男孩	43.5~48.7	43.7~48.9	43.9~49.1
	女孩	42.4~47.6	42.6~47.8	43.0~47.8
胸围/厘米	男孩	42.0~50.0	42.2~50.2	42.2~50.5
	女孩	40.9~48.8	41.1~49.1	41.4~49.4
咀嚼功能		一般已长出4~6颗牙齿，出牙较晚的宝宝也长出第一颗牙齿，能咀嚼较碎小的食物	宝宝普遍长出8颗乳牙，能咀嚼较硬的食物	能用牙齿或牙床咀嚼食物，可用牙熟练咀嚼饼干等较有质感、易咀嚼的食物
智力特征		能初步理解大人的语言，并做出反应；已经学会2~3个简单的词语；懂得常见人和物的名称	会观察物体的属性，逐渐有了大小、高低等概念；喜欢跟家人一起做简单游戏	能在大人的帮助下认识图画、颜色，并指出图中所要找的动物或人物；喜欢拍打发声物体
体能特征		能迅速爬行，有时候还能独自站立片刻；逐渐学会随意打开手指，拇指和食指能协调地拿起小东西	已经能牵着家长的一只手走路了，并能扶着推车向前或转弯走；还会穿裤子时伸腿，用脚蹬去鞋袜	能站起、坐下，站着时能弯下腰去捡东西；能扭动身体抓背后的物体；会学着抛球或握笔画道道

每日营养需求

能量	蛋白质	脂肪	烟酸	叶酸	维生素A
397千焦/千克体重 非母乳喂养加20%	1.5～3.0克/千克体重	总能量的35%～40%	3毫克烟酸当量	80微克叶酸当量	400微克视黄醇当量
维生素B_1	维生素B_2	维生素B_6	维生素B_{12}	维生素C	维生素D
0.3毫克	0.5毫克	0.3毫克	0.5微克	50毫克	10微克
维生素E	钙	铁	锌	镁	磷
3毫克α-生育酚当量	500毫克	10毫克	8毫克	70毫克	300毫克

每日食谱推荐

上午	6:00～6:30	母乳或配方奶210～240毫升
	8:00	菜肉粥1小碗，水果糕或鱼饼15克
	10:00～10:30	母乳或配方奶210～240毫升
	12:00	软饭25克，香菇蒸蛋50克
下午	15:00～15:30	母乳或配方奶210～240毫升
	18:00～18:30	冬瓜粥1小碗，猪肝烧碎菜20克
晚上	21:00	面条或馄饨50克，水果适量

3顿正餐前半小时尽量不要喂宝宝任何东西；只要宝宝需要，应多吃水果，多喝白开水；每天给宝宝喂适量的鱼肝油。

哺乳与辅食配餐

	10个月	11个月	12个月
哺乳次数	3次/天	3次/天	2～3次/天
每次哺乳量	母乳或配方奶210～240毫升/次	母乳或配方奶210～240毫升/次	母乳或配方奶210～240毫升/次
辅食黏稠度	可用牙床咀嚼香蕉，稍微倾斜不能滴下来的粥		
辅食次数	3次/天		
每次辅食量	120～180毫升		
辅食食材	9个月辅食食材+馒头、包子、面包片、冬瓜、上海青、空心菜、生菜、香瓜、樱桃、海苔	10个月辅食食材+黑豆、豆腐、莴笋、丝瓜、平菇、莲藕、鲫鱼、鳙鱼、草鱼	11个月辅食食材+蛋清、薏米、芦笋、草菇、牛肉、虾（无过敏时）、菠萝、葡萄（去子）
小叮咛	食物来源更多样，并逐渐向半固体或固体饮食过渡，但肉类、菜类及主食还是应该做得软烂些；辅食宜清淡，少盐、不加味精；不宜给宝宝喂食蜂蜜、肥肉、咸蛋、腊肠、熏肉等食物；尝试训练宝宝自己动手吃饭；进餐时不要逗笑宝宝，否则，可能使食物呛入气管，造成危险		

营养食谱

冬瓜红豆汤

主要营养素：膳食纤维、蛋白质

原料： 冬瓜300克，水发红豆180克

调料： 盐1克

营养功效

做法：

1. 去皮洗净的冬瓜切块，再切条，改切成丁。

2. 将浸泡好的红豆倒入碗中，注入适量清水，搓洗干净，沥干，待用。

3. 砂锅中注入适量清水烧开，倒入洗净的红豆。

4. 盖上盖，烧开后转小火煮30分钟至红豆熟软；揭开锅盖，放入冬瓜丁。

5. 再盖上盖子，用小火续煮约20分钟至全部食材熟软。

6. 揭开盖，放入少许盐，拌匀调味。

7. 关火后盛出煮好的汤料，装入碗中即成。

　　红豆含有膳食纤维、叶酸、钙、镁、铁等营养成分，可益气补血、健胃生津、化湿补脾、增强免疫力；冬瓜营养丰富，且结构合理，是有益于婴幼儿健康的优质食物。

肉糜粥

主要营养素：糖类、蛋白质、维生素

● 原料：猪瘦肉600克，小白菜45克，大米65克

● 调料：盐1克

● 做法：

1.取榨汁机，选用绞肉刀座组合，将切好的瘦肉制成肉泥，加适量水调匀，备用。

2.再选择干磨刀座组合，将大米磨成米碎，盛入碗中，加适量清水拌匀，制成米浆。

3.选择搅拌刀座组合，将洗净切好的小白菜放入杯中，注入适量清水，榨取小白菜汁。

4.将榨好的白菜汁倒入热锅中，煮沸，加肉泥，搅煮片刻，倒入米浆，拌煮至成米糊，加盐调味，续煮一会儿。

5.盛出煮好的米糊，装入碗中即可。

营养功效

猪瘦肉含有丰富的蛋白质、钙、磷、铁等成分，具有补虚强身、滋阴润燥、丰肌泽肤的作用，且猪瘦肉性平，各种体质的婴幼儿都可以吃。

营养
食谱

鱼肉海苔粥

主要营养素：蛋白质、糖类、维生素C

◑ 原料：鲈鱼肉80克，小白菜50克，海苔少许，大米65克

◑ 调料：盐少许

◑ 做法：

1.小白菜剁成末，海苔切碎，备用。

2.取榨汁机，将大米磨成米碎。

3.把去皮的鱼肉放入烧热的蒸锅中，中火蒸至鱼肉熟透后取出，捣成鱼泥。

4.汤锅置于旺火上，注入适量清水，倒入米碎，搅匀，煮至成米糊。

5.加盐，搅匀，转小火，倒入鱼肉，搅拌片刻，再加入小白菜。

6.煮沸后加海苔，快速搅拌均匀。

7.把煮好的米糊装入碗中即可。

营养功效

鲈鱼富含蛋白质、维生素A、B族维生素、钙等营养元素，能促进骨骼和肌肉的快速生长；其所含的锌、硒和碘是婴幼儿肌肉生长和免疫系统建立所必需的营养物质。

红薯碎米粥

主要营养素：糖类、蛋白质、纤维素

原料： 红薯85克，水发大米80克

做法：

1.将去皮洗净的红薯切成粒，装入盘中，待用。

2.将泡好的大米倒入碗中，注入适量清水，搓洗干净，沥干水分，备用。

3.砂锅中注入适量清水烧开，倒入备好的大米，拌匀。

4.下入红薯，搅拌匀。

5.盖上盖，烧开后转小火煮30分钟至大米熟烂；揭开盖子，续煮片刻，至食材熟透。

6.把煮好的粥盛出，装入碗中即可。

营养功效

　　红薯的蛋白质含量高，膳食纤维含量也高，可刺激肠道蠕动，促进消化，婴幼儿适量食用红薯，可提高对主食中营养元素的利用率，有助于宝宝的健康成长。

营养食谱

炖鱼泥

主要营养素：蛋白质、胡萝卜素

● 原料：草鱼肉80克，胡萝卜70克，高汤200毫升，葱花少许

● 调料：盐少许，水淀粉、食用油各适量

营养功效

● 做法：

1.将洗净的胡萝卜切片。

2.草鱼肉切片，装入碗中，倒入适量高汤。

3.蒸锅置火上，烧热，放入鱼肉、胡萝卜。

4.盖上盖，用中火蒸10分钟至熟；揭盖，取出蒸好的鱼肉、胡萝卜，并分别剁成末。

5.用油起锅，倒入适量高汤和蒸鱼留下的鱼汤，下入鱼肉、胡萝卜。

6.加盐、水淀粉调味，续煮至沸。

7.将锅中食材盛出，放入少许胡萝卜末，撒上葱花即成。

　　胡萝卜中含有丰富的胡萝卜素，对人体具有多方面的保健功能，其含有的植物纤维，可加强肠道蠕动，促进消化。适量食用胡萝卜，对保护宝宝的呼吸道也较为有利。

菠萝蛋皮炒软饭

主要营养素：糖类、蛋白质、维生素B₂

● **原料**：菠萝肉60克，蛋液适量，软饭180克，葱花少许

● **调料**：盐少许，食用油适量

营养功效

● **做法**：

1.用油起锅，倒入蛋液，煎成蛋皮，盛出，放凉备用。

2.把蛋皮切成丝，改切成粒。

3.将菠萝切片，再切成小块，改切成粒。

4.用油起锅，倒入菠萝粒，炒匀，放入适量软饭，炒松散。

5.倒入少许清水，拌炒匀。

6.加少许盐，炒匀调味，放入蛋皮，撒上少许葱花，炒匀。

7.关火，盛出炒好的饭，装入碗中即可。

菠萝中含有大量的果糖、葡萄糖、维生素B₂、磷和蛋白酶等成分，具有解暑止渴、消食止泻的功效；而鸡蛋含有蛋白质、卵磷脂等营养成分，婴幼儿食用可健脑益智。

营养食谱

红豆玉米饭

主要营养素：糖类、蛋白质、纤维素

◑ 原料： 鲜玉米粒85克，水发红豆75克，水发大米200克

◑ 做法：

1. 将已经泡好的大米、红豆倒入碗中，注入适量清水，搓洗干净，沥干水分，备用。
2. 将备好的玉米粒洗净。
3. 砂锅中注入适量清水，用大火烧开。
4. 倒入备好的红豆、大米，搅拌均匀，放入玉米粒，搅拌均匀。
5. 盖上锅盖，烧开后转小火煮约30分钟至锅中食材熟软。
6. 揭开锅盖，把煮好的红豆玉米饭盛出即可。

 营养功效

　　玉米含有蛋白质、亚油酸、膳食纤维、钙、磷等营养成分，其所含的谷氨酸，能促进脑细胞的呼吸，并排除脑组织中多余的氨，婴幼儿常食可促进脑部发育。

芝麻山药饭

主要营养素：糖类、维生素E、膳食纤维

◗ 原料：水发大米140克，熟黑芝麻30克，芹菜40克，山药120克

◗ 做法：

1.去皮洗净的山药切开，改切成小丁块；洗好的芹菜切碎。

2.将备好的大米倒入碗中，洗净。

3.取一个蒸碗，将洗净的大米倒入其中，铺平。

4.再放入山药、芹菜，搅拌均匀，撒上黑芝麻，注入适量清水，待用。

5.蒸锅上火烧开，放入蒸碗，盖上盖，中火蒸约30分钟至食材熟透。

6.揭开锅盖，取出蒸好的芝麻山药饭即可。

营养功效

黑芝麻含有不饱和脂肪酸、维生素E和珍贵的芝麻素，山药含有黏液蛋白、卵磷脂等营养成分。婴幼儿食用本品既可健脾胃、增强记忆力，还能使头发乌黑亮泽。

营养食谱

鲜蔬牛肉饭

主要营养素：蛋白质、维生素、胡萝卜素

◑ 原料：软饭150克，牛肉70克，胡萝卜35克，西蓝花、洋葱各30克，小油菜40克

◑ 调料：盐1克，生抽3毫升，水淀粉、食用油各适量

营养功效

◑ 做法：

1.牛肉切片，装入碗中，加少许生抽、水淀粉，拌匀，腌渍约10分钟。

2.开水锅中倒入洗净切好的胡萝卜、西蓝花，加少许盐，煮约半分钟，放入切好的小油菜，搅散，煮约半分钟，捞出，沥干水分。

3.用油起锅，倒入腌好的牛肉片，翻炒至变色。

4.倒入洋葱，炒软后倒入软饭，炒匀，加入余下的生抽、盐，调味。

5.下入焯过水的食材，翻炒至全部食材熟透，即可出锅。

　　牛肉中含有丰富的蛋白质，其氨基酸组成比猪肉更接近人体需要，可提高机体抗病能力；而洋葱含维生素C、硒等成分，婴幼儿适量食用本品，对智力发育也很有益处。

营养食谱

西芹芦笋豆浆

主要营养素：蛋白质、纤维素、维生素

◑ 原料：芦笋25克，西芹30克，水发黄豆45克

◑ 做法：

1. 洗净的芦笋、西芹分别切小段，备用。

2. 取豆浆机，放入洗净的黄豆、芦笋、西芹，注入适量清水。

3. 盖上机头，选择"五谷"程序，再选择"开始"键，开始打浆。

4. 待豆浆机运转约15分钟，即成豆浆。

5. 将豆浆机断电，取下机头，把煮好的豆浆倒入滤网，滤取豆浆。

6. 将滤好的豆浆倒入杯中，撇去浮沫，待稍微放凉后即可饮用。

营养功效

　　西芹含有蛋白质、膳食纤维及多种维生素、矿物质，而芦笋的氨基酸比例符合人体的需要，给婴幼儿食用本品，可使其营养摄入更丰富全面。

香菇鸡肉羹

主要营养素：糖类、蛋白质、维生素D

● 原料： 鲜香菇40克，上海青30克，鸡胸肉60克，软饭适量

● 调料： 盐少许，食用油适量

 营养功效

● 做法：

1.汤锅中注入适量清水烧开，放入洗净的上海青，煮至断生后捞出，沥干水分，备用。

2.将放凉的上海青剁碎，洗净的香菇切粒，洗好的鸡胸肉剁成末。

3.用油起锅，倒入香菇，炒香。

4.再放入鸡胸肉，炒至变色，注入适量清水，用勺搅拌匀。

5.倒入备好的软饭，快速翻炒均匀，加盐，炒匀调味。

6.放入上海青，炒匀后即可盛出软饭。

香菇含有18种氨基酸和30多种酶，具有补肝肾、健脾胃、益智安神等功效。此外，香菇还含有丰富的维生素D，能促进婴幼儿对钙、磷的吸收利用，有助于骨骼发育。

营养食谱

肉末碎面条

主要营养素：蛋白质、维生素、胡萝卜素

◀ 原料：肉末50克，上海青、胡萝卜各适量，水发面条120克，葱花少许

◀ 调料：盐2克，食用油适量

◀ 做法：

1.将去皮洗净的胡萝卜切成粒，洗好的上海青切粒，装入盘中，待用。

2.用油起锅，倒入备好的肉末，炒至松散，下入胡萝卜、上海青，翻炒匀。

3.注入适量清水，翻动食材，使其均匀地散开。

4.加盐，拌匀，转大火，煮至汤汁沸腾，下入折成小段的面条。

5.转中火，续煮至全部食材熟软，盛出煮好的面条，撒上葱花即可。

营养功效

　　瘦肉含有大量的蛋白质和矿物质，且脂肪含量相对较少，婴幼儿适量食用本品，不仅营养均衡，还能健脑益智、增强记忆力。

1~2岁，津津有味嚼起来

宝宝终于1岁了，逐渐能独立行走了，进食模式也慢慢向大人转变。此时，妈妈可以适当地增加食物的种类和稠度，同时尽量将食物颜色搭配得丰富一些，将食物造型做得更可爱一些，让宝宝对吃饭产生兴趣。看着宝宝每天都能吃到自己亲手制作的营养辅食，对妈妈来说真是一种莫大的欣慰。那些超市和商店里贩卖的辅食产品，又怎能敌得过"妈妈牌"辅食呢。在充分了解宝宝的营养需求后，快来为你的宝贝继续制作更多爱心满满的美味辅食吧！

宝宝发育情况

发育指标		1.0~1.5岁	1.5~2.0岁
体重/千克	男孩	9.1~13.9	9.9~15.2
	女孩	8.5~13.1	9.4~14.5
身高/厘米	男孩	76.3~88.5	80.9~94.4
	女孩	74.8~87.1	79.9~93
头围/厘米	男孩	44.2~50.0	45.2~50.6
	女孩	43.3~48.8	44.3~49.2
胸围/厘米	男孩	43.1~51.8	44.4~52.8
	女孩	42.1~50.7	43.3~51.7
咀嚼功能		1岁前后开始长出磨牙，16~18个月开始长出尖牙，18个月大多已长出10~16颗牙	20个月后长出2颗磨牙，21个月的时候，出牙快的宝宝已有20颗牙齿，慢的也有16颗牙齿
智力特征		开始用简单词来表达自己想要表达的意思；提示妈妈自己想大便或小便；记忆力和理解能力也大大提高	语言能力强的宝宝，2岁时能说出几百个词语；想象力也得到提高；爱提问；会自己脱鞋袜
体能特征		走路不易跌倒，逐渐能自己动手吃饭；用笔乱画；能用积木搭起四层塔；会用手翻书	能自如的走路和跑步；模仿妈妈做简单的体操；还会将纸张折两折或三折；熟练地把水倒入另一个杯中

每日营养需求

能量	蛋白质	脂肪	烟酸	叶酸	维生素A
438~439千焦/千克体重	3.5克/千克体重	总能量的35%~40%	6毫克烟酸当量	150微克叶酸当量	400微克视黄醇当量

维生素B₁	维生素B₂	维生素B₆	维生素B₁₂	维生素C	维生素D
0.6毫克	0.6毫克	0.5毫克	0.9微克	60毫克	10微克

维生素E	钙	铁	锌	镁	磷
4毫克α-生育酚当量	600毫克	12毫克	9毫克	100毫克	450毫克

每日食谱推荐

1岁1个月~1岁3个月宝宝每日食谱推荐

上午	8:00	配方奶250毫升，菜肉小米粥1小碗，煮鸡蛋1个
	10:00	玉米饼40克，酸奶50毫升
	12:00	软饭1小碗，猪肝炒胡萝卜粒35克，肉末油菜汤1小碗
下午	15:00	蛋糕1块，草莓30克
	18:00	碎肉白菜馄饨100克
晚上	21:00	配方奶250毫升

1岁4个月~1岁6个月宝宝每日食谱推荐

上午	8:00	配方奶250毫升，馒头片20克，荷包蛋1个
	10:00	饼干30克，酸奶50~100毫升
	12:00	小米粥1小碗，西红柿鱼丸汤1小碗
下午	15:00	南瓜饼1小块，香蕉半根
	18:00	香菇肉馅饺80克，炒黄瓜片20克
晚上	21:00	配方奶250毫升

1岁7个月~1岁9个月宝宝每日食谱推荐

上午	8:00	配方奶150毫升，鸡丝面1小碗
	10:00	蒸红薯或土豆泥25克，酸奶50毫升
	12:00	软饭1小碗，肉末豆腐35克，西红柿蛋汤50克
下午	15:00	配方奶150毫升，饼干少许，水果50克
	18:00	猪肝小米粥1小碗，清炒莴笋片50克
晚上	21:00	配方奶250毫升

1岁10个月~2岁宝宝每日食谱推荐

上午	8:00	配方奶150~200毫升，蛋糕30克，玉米粥50克
	10:00	豆奶100毫升，面包或红薯30克
	12:00	软饭1小碗，菠萝鸡丁35克，冬瓜排骨汤50克
下午	15:00	酸奶100毫升，饼干20克，水果1个
	18:00	胡萝卜鸡肉饭50克，炒丝瓜50克
晚上	21:00	配方奶200毫升

青菜猪肝汤

主要营养素：铁、钙、维生素

● 原料：猪肝90克，菠菜30克，高汤200毫升，胡萝卜25克，西红柿55克

● 调料：盐1克

● 做法：

1.将洗净的菠菜切碎。

2.洗好的猪肝切片，再切条，改切成粒。

3.洗净的西红柿切片，改切成粒。

4.洗好的胡萝卜切片，再切丝。

5.用油起锅，倒入适量高汤，加盐，倒入胡萝卜、西红柿，拌匀。

6.待汤汁沸腾后，下入猪肝，续煮一会儿，放入菠菜，搅匀。

7.将锅中汤料盛出，装入碗中即可。

营养功效

猪肝含有丰富的铁、磷，均是造血不可缺少的原料，适量食用有助于预防幼儿贫血。另外，猪肝中所含的蛋白质、卵磷脂有利于幼儿的智力和身体发育。

家常蔬菜蛋汤

主要营养素：蛋白质、维生素C

◐ 原料：菜心150克，黄瓜100克，西红柿95克，鸡蛋1个

◐ 调料：盐、鸡粉各1克，食用油适量

◐ 做法：

1. 将备好的蔬菜清洗干净，菜心切段，西红柿切成瓣。

2. 黄瓜去皮，切成小块；鸡蛋打入碗中，搅散。

3. 锅中注入适量清水烧开，加入适量食用油、盐、鸡粉，拌匀。

4. 放入黄瓜、西红柿，盖上盖，大火煮沸。

5. 揭盖，放入菜心，煮至锅中食材熟软，倒入蛋液，拌匀煮沸。

6. 把煮好的汤盛出，装入碗中即成。

营养功效

黄瓜含水量高，还含有维生素B_1、维生素B_2和维生素C，具有提高幼儿免疫功能、改善大脑和神经系统功能的作用，搭配鸡蛋、西红柿食用，可使营养更为全面。

白玉金银汤

主要营养素：维生素、蛋白质、钙

● 原料：豆腐120克，西蓝花35克，鸡蛋1个，鲜香菇30克，鸡胸肉75克，葱花少许

● 调料：盐2克，鸡粉1克，水淀粉、食用油各适量

营养功效

● 做法：

1.鸡胸肉切丁，装入碗中，加少许盐、鸡粉、水淀粉、食用油，腌渍入味。

2.开水锅中将切好的西蓝花、豆腐焯好后捞出。

3.用油起锅，倒入切好的香菇丝，炒至软，注入适量清水，调入余下的盐、鸡粉，拌匀。

4.先后倒入鸡肉丁、豆腐块，拌匀。

5.待汤汁沸腾后，倒入焯好的西蓝花，再加入少许水淀粉，拌煮至汤汁浓稠。

6.倒入鸡蛋液，中火煮至全部食材熟透，即可将汤汁盛出。

　　豆腐中含有较丰富的蛋白质、钙、镁等营养元素，幼儿食用豆腐除了能增加营养、帮助消化、增进食欲外，对牙齿、骨骼的生长发育也颇为有益。

白萝卜肉丝汤

主要营养素：蛋白质、维生素C

◑ 原料： 白萝卜150克，瘦肉90克，姜丝、葱花各少许

◑ 调料： 盐、鸡粉各2克，水淀粉、食用油各适量

◑ 做法：

1. 将洗净的白萝卜去皮，切成丝。

2. 瘦肉切丝，装入碗中，加少许盐、鸡粉、水淀粉、食用油，抓匀，腌渍入味。

3. 用油起锅，放入姜丝，爆香，下入白萝卜丝，炒匀。

4. 往锅中注入适量清水，加剩下的盐、鸡粉，拌匀调味，待汤汁沸腾后续煮约2分钟，放入肉丝，煮至食材熟透。

5. 把煮好的汤料盛出，装入碗中，趁热撒上葱花即可。

营养功效

　　白萝卜所含的维生素C和叶酸，可增强机体免疫力，提高幼儿的抗病能力，搭配富含优质蛋白的猪瘦肉食用，不仅可以提高蛋白质的吸收率，还能使营养更为均衡。

营养食谱

银耳山药甜汤

主要营养素：维生素D、黏液质

● **原料**：水发银耳160克，山药180克

● **调料**：白糖、水淀粉各适量

● **做法**：

1.将去皮洗干净的山药切片，再切成条形，改切成小块。

2.洗净的银耳去除根部，改切成小朵，备用。

3.砂锅中注入适量清水烧热。

4.倒入切好的山药、银耳，搅拌匀。

5.盖上盖，烧开后用小火煮约35分钟，至食材熟软；揭盖，加白糖，拌匀，转大火略煮。

6.倒入适量水淀粉，拌匀，煮至汤汁浓稠。

7.关火，盛出煮好的甜汤即可。

营养功效

　　山药含有黏液质、维生素A、维生素B_1、淀粉酶等营养成分；银耳富含维生素D，能促进机体对钙的吸收，防止钙的流失，对幼儿骨骼的生长发育十分有益。

营养食谱

鱼肉玉米糊

主要营养素：蛋白质、纤维素、维生素

● 原料：草鱼肉70克，玉米粒60克，水发大米80克，圣女果75克

● 调料：盐少许，食用油适量

营养功效

● 做法：

1.开水锅中放入洗好的圣女果，焯半分钟后捞出，去皮，剁碎。

2.洗净的草鱼肉切成小块，洗好的玉米粒切碎。

3.用油起锅，倒入鱼肉，炒香，倒入适量清水。

4.盖上盖，用小火煮5分钟至熟；揭盖，用锅勺将鱼肉压碎。

5.把鱼汤滤入汤锅中，倒大米、玉米碎，小火煮至食材熟烂，放入剁碎的圣女果，拌匀。

6.加少许盐，拌匀调味，煮沸后盛出米糊，待稍凉即可食用。

玉米含有蛋白质、亚油酸、多种微量元素、纤维素等营养成分，搭配富含不饱和脂肪酸的草鱼肉和圣女果食用，对幼儿的视力、脑力和记忆力发育非常有利。

营养食谱

山药蛋粥

主要营养素：蛋白质、糖类、脂肪

● 原料：山药120克，鸡蛋1个

● 做法：

1.将去皮山药切成薄片，放入蒸盘中，待用。

2.蒸锅上火烧开，放入蒸盘，再放装有鸡蛋的碗。

3.盖上盖，中火蒸至食材熟透，揭盖，取出蒸好的食材，备用。

4.把放凉的山药捣成泥状，放在碗中，待用。

5.将放凉的熟鸡蛋去壳，取蛋黄。

6.将蛋黄放入装有山药泥的碗中，压碎，搅拌至两者混合均匀。

7.另取一小碗，盛入拌好的食材即成。

营养功效

　　山药含有多种营养素，有强健机体、益肺止咳的功效；鸡蛋富含的优质蛋白可以促进机体对营养物质的吸收。幼儿食用此膳食，可增强机体免疫力，促进生长发育。

营养
食谱

鲈鱼嫩豆腐粥

主要营养素：蛋白质、维生素、糖类

● 原料：鲜鲈鱼100克，嫩豆腐90克，大白菜85克，大米60克

● 调料：盐少许

营养功效

● 做法：

1.豆腐切成小块；大白菜剁成末；鲈鱼去除鱼骨，再剔除鱼皮，留鱼肉装入小碗中，待用。

2.榨汁机选干磨刀座组合，将大米磨成米碎。

3.将鱼肉放入烧开的蒸锅中，大火蒸至鱼肉熟透，取出，剁成末，待用。

4.汤锅中注入适量清水，倒入米碎，拌煮半分钟。

5.转中火，倒入鱼肉泥，搅拌片刻，加入大白菜，拌煮至食材熟透。

6.加少许盐调味，倒入豆腐，略煮片刻，盛出煮好的粥即可。

鲈鱼富含蛋白质、B族维生素、不饱和脂肪酸等营养元素，具有益脾胃、补血之效，其所含的不饱和脂肪酸可提高脑细胞活力，增强宝宝的记忆、反应与学习能力。

營養食譜

蛋黄豆腐碎米粥

主要营养素：蛋白质、糖类

● 原料： 鸡蛋1个，豆腐95克，大米65克

● 调料： 盐少许

● 做法：

1.汤锅中加清水，放入鸡蛋，小火煮至熟，取出。

2.洗好的豆腐切成丁。

3.将熟鸡蛋去壳，取蛋黄，将蛋黄压烂，备用。

4.榨汁机选干磨刀座组合，将大米磨成米碎。

5.汤锅中加适量清水，倒入米碎，拌煮一会儿，转中火，续煮成米糊。

6.加盐调味，倒入豆腐，拌煮约1分钟至熟透。

7.关火，把煮好的米糊倒入备好的碗中，放入压烂的蛋黄即可。

营养功效

　　豆腐营养丰富，易于消化，其含有丰富的蛋白质及铁、钙、磷、镁等多种营养元素，幼儿常吃豆腐能起到保护肝脏、促进机体代谢、增强免疫力的作用。

蔬菜三文鱼粥

主要营养素：不饱和脂肪酸、胡萝卜素、B族维生素

● 原料： 三文鱼120克，胡萝卜50克，芹菜20克，大米70克

● 调料： 盐、鸡粉、水淀粉各2克，食用油适量

营养功效

● 做法：

1.将食材洗净，芹菜切成粒，胡萝卜去皮切粒。

2.将三文鱼切成片，装入碗中，加少许盐、鸡粉、水淀粉，拌匀，腌渍入味。

3.砂锅注入适量清水烧开，倒入洗净的大米，加食用油拌匀，盖上盖，慢火煲30分钟至大米熟透。

4.揭盖，倒入切好的胡萝卜粒，慢火煮约5分钟，至食材熟软。

5.加入三文鱼、芹菜，拌匀煮沸。

6.加剩下的盐、鸡粉，拌匀调味，盛出即可。

　　三文鱼含有丰富的不饱和脂肪酸，是脑部发育及维持神经系统正常运转必不可少的物质，能有效增强脑功能、保护视力，适合处于生长发育期的幼儿食用。

肉末茄泥

主要营养素：蛋白质、维生素E

● 原料： 肉末90克，茄子120克，上海青少许

● 调料： 盐少许，生抽、食用油各适量

● 做法：

1. 将洗净的茄子去皮，切成条；洗好的上海青切成粒。
2. 把茄子放入烧开的蒸锅中，盖上盖，中火蒸约15分钟后揭盖取出。
3. 待茄子放凉后将其剁成泥。
4. 用油起锅，倒入肉末，翻炒至松散、转色。
5. 放入生抽，炒香，炒匀。
6. 先后倒入上海青、茄子泥，加盐，翻炒匀。
7. 关火，盛出装盘即可。

营养功效

　　茄子中含有的烟酸能够维持幼儿消化系统的健康运转；其所含的B族维生素能促进维生素C的吸收。幼儿食用此膳食，可增强其免疫力。

营养食谱

茄子泥

主要营养素：B族维生素、维生素E

● 原料：茄子200克

● 调料：盐少许

营养功效

● 做法：

1.清洗干净的茄子切去头尾，去除表皮，切成细条，待用。

2.取一个蒸盘，放入切好的茄子。

3.将蒸盘放入烧开的蒸锅中，盖上盖，烧开后转中火蒸约15分钟至茄子熟软。

4.揭盖，取出蒸盘；待茄子放凉后，将其压成泥状，装入碗中。

5.加入少许盐，搅拌均匀，至其入味。

6.取一个小碗，盛入拌好的茄泥即可。

茄子是为数不多的紫色蔬菜之一，含有蛋白质、糖类、多种维生素及矿物质，具有清热解暑、消肿止痛等功效，幼儿在夏天食用可预防长痱子。

2~3岁，跟大人一起吃饭了

2岁以后的宝宝已经可以独立做许多事了，他们记住了许多话语，可以自如地和大人讲话，能够自己吃饭并且还可以吃大人的饭菜，对于想吃什么和不想吃什么也能清楚地表达出来。但是这个时期的宝宝也容易出现挑食、偏食、边吃边玩等让妈妈头疼的问题。因此，妈妈们应尽量多地选取一些符合孩子口味的食材，变换花样，制作出更多孩子喜欢的佳肴。此外，妈妈还可以给宝宝准备可爱的小围兜、小勺子、小饭碗等，让宝宝体会自己吃饭的乐趣。

宝宝发育情况

发育指标		2.0~2.5岁	2.5~3.0岁
体重/千克	男孩	11.2~15.3	12.1~16.4
	女孩	10.6~14.7	11.7~16.1
身高/厘米	男孩	84.3~95.8	88.9~98.7
	女孩	83.3~94.7	87.9~98.1
头围/厘米	男孩	46.2~51.2	46.8~51.7
	女孩	45.1~50.0	45.7~50.6
胸围/厘米	男孩	46.1~54.6	46.8~55.2
	女孩	45.1~53.1	45.7~53.7
咀嚼功能		3岁宝宝的乳牙已经出齐了，咀嚼能力有了"质"的飞跃，能够咀嚼大部分食物；食物烹调法可慢慢趋向于大人	
智力特征		能分清两种以上的颜色，对大和小等概念非常明确；语速加快，会用敬语，会问问题；会用笔画图；和其他小朋友有初步交往	
体能特征		此时宝宝肌肉发育已较为结实，可以灵活地玩拍球、接球的游戏，还会用单腿站立、练习跳跃；愿意参加集体活动	

每日营养需求

能量	蛋白质	脂肪	烟酸	叶酸	维生素A
480~501千焦/千克体重	4克/千克体重	总能量的30%~35%	6毫克烟酸当量	150微克叶酸当量	400微克视黄醇当量

维生素B₁	维生素B₂	维生素B₆	维生素B₁₂	维生素C	维生素D
0.6毫克	0.6毫克	0.5毫克	0.9微克	60毫克	10微克
维生素E	**钙**	**铁**	**锌**	**镁**	**磷**
4毫克α-生育酚当量	600毫克	12毫克	9毫克	100毫克	450毫克

一周食谱推荐

2～3岁宝宝一周食谱推荐

星期	早餐（8:00）	加餐（10:00）	午餐（12:00）	加餐（15:00）	晚餐（18:00）	加餐（21:00）
星期一	牛奶150毫升，蔬菜鸡蛋饼50克	酸奶100毫升，香蕉1根	米饭50克，白萝卜炖牛肉100克，紫菜虾汤1小碗	面包30克，黄瓜沙拉100克	饺子50克，茄汁猪排100克，胡萝卜豆腐汤100毫升	牛奶150毫升
星期二	牛奶150毫升，小米粥100毫升	蛋糕20克，豆奶100毫升	米饭50克，红烧草鱼豆腐100克，菠菜猪肝汤1小碗	饼干25克，草莓100克	肉包50克，鸡丝木耳100克，丝瓜蛋花汤100毫升	牛奶150毫升
星期三	牛奶150毫升，香菇肉饺50克，西蓝花30克	酸奶100毫升，面包30克	馒头50克，西红柿蛋汤1小碗，土豆烧肉100克	花卷40克，橘子1个	鸡丝面条50克，莲藕炒肉100克，虾皮丸子汤100克	牛奶150毫升
星期四	牛奶150毫升，面包片30克，苹果1个	酸奶100毫升，玉米饼20克	米饭50克，鲜菇炖鸡100克，冬瓜排骨汤1小碗	鸡蛋饼40克，橙子1个	米饭50克，草鱼豆腐汤100毫升，莴笋丝炒肉100克	豆浆150毫升
星期五	牛奶150毫升，蛋羹100克，梨子1个	豆浆100毫升，芝麻南瓜饼20克	面条50克，红枣炖兔肉100克，白菜豆腐汤1小碗	水果沙拉100克，饼干20克	鸡蛋卷50克，清蒸基围虾50克，西红柿猪肝泥100克	牛奶150毫升
星期六	牛奶150毫升，麦片粥100毫升	酸奶100毫升，地瓜蛋挞20克	米饭50克，西芹炒牛肉100克，小排骨黄豆汤1小碗	土豆泥30克，苹果50克	鸡蛋肉末软饭50克，绿豆芽炒肉丝100克，萝卜鱼丸汤100毫升	豆浆150毫升
星期日	牛奶150毫升，菠菜鸡蛋面100克	酸奶100毫升，香葱饼20克	南瓜松饼50克，芦笋烧鸡块100克，胡萝卜玉米汤1小碗	面包片20克，葡萄50克	米饭50克，海带炖肉100克，金针菇豆腐汤100毫升	牛奶150毫升

营养食谱

萝卜鱼丸汤

主要营养素：芥子油、蛋白质、淀粉酶、维生素C

● 原料：白萝卜150克，鱼丸100克，芹菜40克，姜末少许

● 调料：盐2克，鸡粉少许，食用油适量

营养功效

● 做法：

1. 芹菜切成粒，白萝卜切成细丝，鱼丸切上网格花刀。
2. 把切好的食材分别装在盘中，待用。
3. 用油起锅，下入姜末，倒入萝卜丝，翻炒。
4. 注入适量清水，下入切好的鱼丸；加盐、鸡粉，搅拌匀，用中火烧开。
5. 用中小火续煮约2分钟至全部食材熟透；撒上芹菜粒，搅匀，煮至断生。
6. 关火后盛出煮好的鱼丸汤，装在碗中即可。

　　白萝卜富含芥子油、淀粉酶和粗纤维，具有促进消化、增进食欲的作用。此外，幼儿食用白萝卜，对咳嗽等症状有缓解作用。鱼丸蛋白质含量高，有助于幼儿生长发育。

营养
食谱

猪肝豆腐汤

主要营养素：蛋白质、维生素A、铁、磷、锌

◗ 原料：猪肝100克，豆腐150克，葱花、姜片各少许

◗ 调料：盐2克，生粉3克

◗ 做法：

1.取一碗，放入备好的猪肝，倒入适量生粉，拌匀，腌渍入味。

2.锅中注入适量清水，大火烧开。

3.倒入洗净切块的豆腐，拌煮至断生。

4.放入用生粉腌渍过的猪肝，撒入备好的姜片、葱花，煮至沸。

5.加盐，拌匀调味。

6.用小火煮约5分钟，至汤汁收浓；关火后盛出煮好的汤料，装入碗中即可。

营养功效

　　豆腐具有高蛋白、低脂肪的特点，且其含有的卵磷脂具有促进幼儿大脑发育的作用；搭配含铁丰富的猪肝食用，还能预防幼儿缺铁性贫血。

营养食谱

豌豆糊

主要营养素：蛋白质、氨基酸、钙

◑原料： 豌豆120克，鸡汤200毫升

◑调料： 盐少许

营养功效

◑做法：

1.汤锅中注入适量清水，倒入洗好的豌豆，烧开后用小火煮15分钟至熟。

2.将豌豆捞出，沥干，取榨汁机，选择搅拌刀座组合，倒入豌豆。

3.倒入100毫升鸡汤，选择"搅拌"功能，榨取豌豆鸡汤汁。

4.把剩余的鸡汤倒入汤锅中，加入豌豆鸡汤汁，搅散，小火煮沸。

5.放少许盐，快速搅匀，调味；将煮好的豌豆糊装入碗中，即可。

豌豆含有丰富的钙、蛋白质及人体所必需的多种氨基酸，对幼儿的生长发育大有益处，尤其是丰富的钙对提高幼儿牙齿的咀嚼能力很有益。鸡汤营养均衡，适合幼儿食用。

虾仁西蓝花碎米粥

主要营养素：维生素C、钙、蛋白质

● 原料：虾仁40克，西蓝花70克，胡萝卜45克，大米65克

● 调料：盐少许

营养功效

● 做法：

1.胡萝卜去皮、切片；将虾仁虾线挑去，剁成虾泥。

2.开水锅中，放入胡萝卜，煮1分钟，下入洗净的西蓝花，煮至断生，捞出沥干。

3.西蓝花剁成末，胡萝卜剁成末。

4.取榨汁机，选择干磨刀座组合，将大米放入杯中，磨成米碎。

5.汤锅中加清水烧热，倒入米碎，将其煮成米糊；加入虾泥、胡萝卜、西蓝花，拌匀，煮沸。

6.放盐，快速拌匀，调味，装碗即可。

　　西蓝花含有丰富的维生素C，能增强肝脏的解毒能力，提高机体免疫力。宝宝常吃西蓝花，可促进生长，提高记忆力；此外，虾仁含钙丰富，有助于幼儿身高增长。

营养
食谱

陈皮红豆粥

主要营养素：蛋白质、乳糖、钙

● 原料： 红豆150克，陈皮10克，大米100克

● 调料： 冰糖20克

● 做法：

1.取一碗，倒入适量清水，倒入备好的红豆、大米，用手搓洗干净。

2.砂锅中注入适量清水，倒入陈皮、红豆、大米，拌匀。

3.盖上盖，烧开后转小火煮1小时至全部食材熟软、熟透。

4.揭盖，加入冰糖；拌匀，煮至溶化。

5.关火后盛出煮好的粥，装入碗中。

6.待稍微放凉后即可食用。

营养功效

　　红豆具有健脾止泻、利水消肿的功效；陈皮能理气健脾、健胃消食、燥湿化痰，幼儿常食此膳食，对消化不良、咳嗽、腹泻等症有缓解作用。

鲜虾翡翠炒饭

主要营养素：蛋白质、卵磷脂、铁、钙

◑ 原料：虾仁35克，鸡蛋1个，菠菜45克，软饭150克

◑ 调料：盐、鸡粉、水淀粉各2克，食用油2毫升

 营养功效

◑ 做法：

1.鸡蛋打散，调匀；开水锅中，放入菠菜，煮半分钟，捞出，切段。

2.虾仁去除虾线，切丁；加入部分盐、鸡粉、水淀粉、食用油，腌渍10分钟。

3.取榨汁机，菠菜倒入杯中，再倒入蛋液。

4.选择"搅拌"功能，榨成菠菜蛋汁，加余下的盐、鸡粉，调匀；软饭中倒入菠菜蛋汁，拌匀。

5.用油起锅，倒入虾肉，翻炒松散至虾肉变色。

6.倒入处理好的软饭，炒匀，炒出香味，装碗。

　　虾仁含有丰富的蛋白质、钙、铁等营养素，小儿常食虾仁，能为机体提供充足的钙元素，且鸡蛋富含的维生素D及卵磷脂，不仅能促进钙吸收，还有助于幼儿的智力发育。

营养食谱

彩色饭团

主要营养素：蛋白质、不饱和脂肪酸、维生素C、胡萝卜素

◐ 原料： 草鱼肉120克，黄瓜60克，胡萝卜80克，米饭150克，黑芝麻少许

◐ 调料： 盐2克，鸡粉1克，芝麻油7毫升，水淀粉、食用油各适量

营养功效

◐ 做法：

1.胡萝卜、黄瓜切粒，鱼肉切丁。

2.炒锅置火上，倒入黑芝麻，用小火炒香。

3.鱼丁装入碗中，加部分盐、鸡粉、水淀粉，拌匀；淋入部分食用油，腌渍约10分钟。

4.开水锅中加部分盐、油，倒入胡萝卜和黄瓜，略煮；倒入鱼肉，煮至变色，捞出，沥干。

5.大碗中倒入米饭，放入煮好的食材，加余下的盐、芝麻油。

6.撒上黑芝麻，将米饭做成小饭团，装盘。

草鱼含有优质蛋白质，黑芝麻含有不饱和脂肪酸，黄瓜富含维生素C，胡萝卜含有胡萝卜素，四者搭配食用，具有滋补开胃、益智健脑、增强记忆力和保护视力的作用。

营养食谱

绿豆薏米饭

主要营养素：糖类、B族维生素、钙、镁

🍴 **原料**：水发绿豆30克，水发薏米30克，水发糙米50克

🍴 **做法**：

1.将适量清水倒入碗中，放入备好的食材，用手搓洗干净。

2.将洗好的食材倒入滤网，沥干水分。

3.将食材装入另一个碗中，混合均匀；倒入适量清水，备用。

4.将装有食材的碗放入烧开的蒸锅中。

5.盖上锅盖，用中火蒸40分钟左右，至食材完全熟透。

6.揭开盖，把蒸好的绿豆薏米饭取出即可。

营养功效

薏米具有利水消肿、健脾祛湿等功效，绿豆有清热消暑之效，糙米能提高人体免疫力，促进消化。三者搭配食用，能为婴幼儿的发育提供均衡的营养。

营养
食谱

什锦煨饭

主要营养素：蛋白质、维生素A、磷脂、不饱和脂肪酸

● 原料： 鸡蛋1个，土豆、胡萝卜各35克，青豆40克，猪肝40克，米饭150克，葱花少许

● 调料： 盐2克，鸡粉少许，食用油适量

● 做法：

1. 胡萝卜切粒，土豆切丁，猪肝剁成细末。
2. 鸡蛋打散、调匀，制成蛋液。
3. 猪肝在油锅中炒至松散，再倒入土豆丁、胡萝卜粒，炒匀。
4. 注入适量清水，加盐、鸡粉和洗净的青豆。
5. 小火焖煮至食材熟软，倒入备好的米饭，炒至米粒散开。
6. 中火煮至汤汁沸腾，淋入蛋液，炒至熟透，撒上葱花；盛出炒好的米饭，装盘。

营养功效

　　猪肝含有蛋白质、维生素A、铁、磷、卵磷脂等，能滋补强身，促进幼儿的智力和身体发育。青豆富含不饱和脂肪酸和磷脂，有保持血管弹性和健脑的作用。

营养食谱

肉泥洋葱饼

主要营养素：糖类、蛋白质、维生素C、锌

● 原料：瘦肉90克，洋葱40克，面粉120克

● 调料：盐2克，食用油适量

● 做法：

1. 用榨汁机将瘦肉制成肉泥，洋葱切粒。

2. 面粉中加入适量清水，搅匀，倒入肉泥，搅至面团起劲。

3. 加入洋葱，搅拌，撒盐，制成面糊。

4. 煎锅中注入适量食用油，烧至三成热，放入面糊，铺匀，压成饼状。

5. 用小火煎至面糊成型，且散发出焦香味，煎至两面熟透。

6. 盛出煎好的面饼，放凉，切成小块，摆盘。

营养功效

　　面粉能为幼儿提供足够的能量，加快机体新陈代谢，促进机体对营养物质的吸收。幼儿食用洋葱，不仅能预防小儿腹泻等症状，还能补锌，促进大脑发育。

营养食谱

土豆胡萝卜菠菜饼

主要营养素：蛋白质、糖类、维生素、矿物质

◖ **原料：** 胡萝卜70克，土豆50克，菠菜65克，鸡蛋2个，面粉150克

◖ **调料：** 盐3克，鸡粉2克，芝麻油2毫升，食用油适量

◖ **做法：**

1.菠菜切碎，土豆、胡萝卜切粒。

2.开水锅中，加部分盐，倒入土豆、胡萝卜、菠菜，煮沸，捞出。

3.鸡蛋打入碗中，加余下的盐、鸡粉及煮好的食材，搅匀。

4.倒入面粉，淋入芝麻油，拌匀，制成面糊。

5.煎锅内注入适量食用油烧热，倒入面糊，摊成饼状，煎至两面呈焦黄色。

6.将蛋饼切成扇形块，装盘即可。

 营养功效

菠菜富含铁质，能改善婴幼儿贫血；胡萝卜是明目护眼的好食材，二者搭配土豆制成饼，有利于促进婴幼儿的健康成长。

菠菜小银鱼面

主要营养素：蛋白质、钙、钾、铁

● 原料：菠菜60克，鸡蛋1个，面条100克，水发银鱼干20克

● 调料：盐2克，鸡粉少许，食用油4毫升

● 做法：

1.鸡蛋打开，打散调匀，制成蛋液；菠菜切段，面条折段。

2.开水锅中放入少许食用油、盐、鸡粉。

3.撒上洗净的银鱼干，煮沸后倒入面条。

4.用中小火煮约4分钟，至面条熟软。

5.将锅中面条搅拌几下，倒入切好的菠菜，搅匀，煮至沸腾。

6.倒入备好的蛋液，搅拌，煮至液面浮现蛋花；盛出煮好的面条，装碗即成。

营养功效

　　银鱼是高蛋白、低脂肪的食物，具有健脑益智的作用。菠菜中铁元素的含量很高，幼儿食用菠菜，有补铁之功效，搭配鸡蛋食用，还能促进幼儿生长发育。

营养食谱

乌龙面蒸蛋

主要营养素：蛋白质、糖类、胡萝卜素、维生素C

● 原料： 乌龙面85克，鸡蛋1个，水发豌豆20克，上汤120毫升

● 调料： 盐1克

● 做法：

1. 砂锅中注入适量清水烧开，放入洗净的豌豆，用中火煮约10分钟，至断生，捞出。
2. 乌龙面切小段，鸡蛋打散、调匀。
3. 蛋液中加入上汤，拌匀，倒入乌龙面、豌豆；加盐，拌匀。
4. 取一蒸碗，倒入拌好的食材，蒸锅上火烧开，放入蒸碗。
5. 用中火蒸约10分钟，至食材熟透；取出蒸好的食材即可。

营养功效

　　乌龙面易于消化吸收，且有改善贫血、增强免疫力、强身健体等功效。豌豆富含胡萝卜素、维生素C，具有清肠和柔润皮肤的作用，故本品适合幼儿食用。

PART 3

宝宝不适，
辅食调养

　　宝宝的健康成长离不开妈妈的细心呵护。0～3岁的宝宝毕竟太小，器官功能尚未完善，免疫系统较为脆弱，容易受到疾病的侵扰。那么，针对宝宝常见的感冒、咳嗽、发热等小毛病，有没有一种辅助治疗的方法，帮助宝宝尽快恢复呢？答案自然是有的，食疗便是一个不错的选择。本章分别就几种宝宝常见疾病，对其致病原因、症状进行简要介绍，让妈妈们能够了解到这几种疾病的日常护理方法，同时也为妈妈们推荐了一些效果显著的对症食疗方及按摩法，以帮助宝宝更好地恢复健康。

咳嗽

咳嗽是气管或者肺部受到刺激而高度兴奋时，为了清除呼吸道内的分泌物或进入气管的异物，机体自发形成的一种保护性呼吸反射动作。本病一年四季均可发病，冬、春季多见。小儿咳嗽是小儿呼吸道疾病常见的症状之一，如果宝宝因为咳嗽给日常生活带来影响时，应及时就医。

致病原因

咳嗽是气道异物吸入后常见的症状。异物吸入是儿童，尤其是1～3岁儿童慢性咳嗽的重要原因。食物或小物件吸入气管，二手烟或有害气体吸入，都会引起咳嗽，百日咳杆菌，结核杆菌，病毒，肺炎支原体、衣原体等引起的呼吸道感染是慢性咳嗽常见的原因，多见于婴幼儿。

主要症状

上呼吸道感染引发的咳嗽多为一声声刺激性咳嗽，似咽喉瘙痒，无痰；不分白天黑夜，不伴随气喘或急促的呼吸。宝宝会呈现出嗜睡、流鼻涕等症状。

过敏性咳嗽多为持续或反复发作性的剧烈咳嗽，多呈阵发性发作，晨起较为明显，宝宝活动或哭闹时咳嗽加重，孩子遇到冷空气时爱打喷嚏、咳嗽。

饮食调理

1.饮食要清淡，且应以富有营养并易消化和吸收的食物为宜。宝宝食欲不振时，可做些清淡味鲜的菜粥、片汤、面汤之类的易消化食物。

2.多食用新鲜蔬菜及水果，补充足够的无机盐及维生素，其中含有胡萝卜素的蔬果，如西红柿、胡萝卜等，都对咳嗽恢复很有益处。

饮食禁忌

1.忌寒凉食物：饮食过凉，就容易造成肺气闭塞，症状加重，日久不愈。

2.忌肥甘厚味：日常饮食中多食肥甘厚味会产生内热、滋生痰液，加重咳嗽。

3.忌鱼腥虾蟹：腥味刺激呼吸道会引起咳嗽；进食易导致过敏的鱼虾食品会使咳嗽患儿病情加重。

日常防护

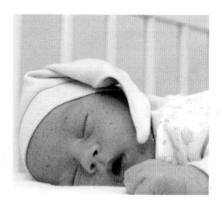

1.注意防寒保暖：夏天宝宝不应长时间吹空调，有汗要及时擦干；可用热水袋敷背部和脚部，以促进早日康复，但应注意热水袋温度以免烫伤。

2.肺部减压：宝宝咳嗽痰多时，应将宝宝的头抬高，以促进痰液排出，减少腹部对肺部的压力。不要直接把枕头或抱枕放在宝宝的脑袋下面，可以放置在床垫下。

3.保证睡眠质量：孩子体内生长激素主要在晚上10点以后分泌较多，晚上11点左右是生长激素分泌旺盛的时候，父母要培养孩子良好的睡眠习惯，以抵御呼吸道感染。

4.及时就医：若咳嗽较重，时间较长，应及时就医，不得滥用止咳药物，以免抑制排痰反射。

对症按摩

治疗咳嗽的基本手法

点揉宝宝天突穴、定喘穴各100次；分推膻中穴1分钟；按揉丰隆穴1分钟。

天突穴：仰靠坐位。在颈部，当前正中线上，胸骨上窝中央。主治咳嗽、胸痛、哮喘、咽喉肿痛、梅核气、噎膈等。

定喘穴：俯状或卧位，在背部，在第七颈椎棘突下，旁开0.5寸（拇指第一关节的宽度即1寸）。主治咳嗽、哮喘、落枕、肩背痛、上肢疼痛不举等。

膻中穴：在胸部，当前正中线上，平第4肋间，两乳头连线的中点。主治咳嗽、胸闷、气短、心悸、胸痛、呃逆、呕吐等。

丰隆穴：在小腿前外侧，当外踝尖上8寸，条口外，距胫骨前缘二横指。主治头痛、眩晕、癫狂、痰多、咳嗽、腹胀等。

风热咳嗽

症见小儿咳嗽，无痰，或有痰色黄稠，不易咳出，咽干疼痛，口渴，常伴有发热、出汗、头痛、舌红、苔薄黄。按摩应以疏风清热、宣肺止咳为要。

基本手法加补肺经：按摩者一手握住婴幼儿的手，使其掌心向上，以另一手拇指螺纹面旋推婴幼儿肺经300次。

风寒咳嗽

症见小儿咳嗽频作，咽痒声重，鼻流清涕，或恶寒无汗，发热头痛，舌淡红，苔薄白。按摩以疏风散寒、宣肺止咳为要。

基本手法加揉太阳穴：按摩者用两手食指指腹顺时针揉小儿太阳穴，揉300次。

对症食疗

食疗功效

　　枇杷、银耳、百合三种食材都具有化痰止咳的功效，三种食材熬汤，不仅口感润滑，而且润肺养肺、止咳化痰的功效更为显著，小儿咳嗽可适量食用。

百合枇杷炖银耳

◐原料：
水发银耳70克，鲜百合35克，枇杷30克

◐调料：
冰糖10克

◐做法：
1.洗净的银耳去蒂，切成小块。
2.洗好的枇杷切开，去核，再切成小块，备用。
3.锅中注入适量清水烧开，倒入备好的枇杷、银耳，再加入洗净的百合，搅拌均匀。
4.盖上盖，烧开后用小火煮约15分钟。
5.揭盖，加入冰糖，拌匀，煮至溶化。
6.关火后盛出煮好的汤料即可。

对症食疗

食疗功效

　　白萝卜含有蛋白质、维生素A、木质素及铁等成分，具有清热生津、化痰止咳、消食化滞、顺气化痰等功效，对辅助治疗小儿咳嗽十分有益。

包菜萝卜粥

◐原料：
水发大米120克，包菜30克，白萝卜50克

◐做法：
1.包菜切丝，再切碎；白萝卜切片，再切丝，改切成碎末，待用。
2.砂锅中注入适量清水烧开，倒入洗净的大米，搅匀。
3.加盖，烧开后转小火煮约40分钟至米粒熟软；揭盖，倒入白萝卜、包菜，拌匀，略煮，至食材熟透。
4.关火后盛入碗中即可。

对症食疗

食疗功效

　　马蹄对咳嗽多痰、咽干喉痛等症有改善作用，而梨有润肺、化痰、止咳、降火、清心的功效。故本品适合风热咳嗽的幼儿食用。

梨汁马蹄饮

◐原料：

梨子200克，马蹄肉160克

◐做法：

1.将梨子和马蹄肉洗净。

2.将梨子切取果肉，改切小块；马蹄肉切成小块。

3.取榨汁机，倒入部分切好的材料。

4.盖上榨汁机机头，选择第一档，再选择"开始"键，开始榨取汁水。

5.分次放入余下的材料，榨取果汁。

6.断电后，将榨好的马蹄饮滤入杯中，即可饮用。

对症食疗

食疗功效

　　陈皮含有陈皮素、橙皮苷、挥发油等成分，具有清热化痰、理气降逆、开胃消食等功效，适用于痰多咳嗽者，故痰多咳嗽的幼儿可适量食用。

陈皮大米粥

◐原料：

水发大米120克，陈皮5克

◐做法：

1.砂锅中注入适量清水，用大火烧热。

2.放入备好的陈皮，搅拌匀；倒入洗好的大米，搅拌均匀。

3.盖上锅盖，烧开后用小火煮约30分钟至大米熟软。

4.揭开锅盖，持续搅拌一会儿。

5.关火后盛出煮好的粥，装入碗中，稍微放凉后即可食用。

感冒

感冒又叫急性上呼吸道感染，是小儿常见的疾病。此病全年均可发生，幼儿期发病多，学龄儿童逐渐减少，潜伏期一般为2~3天，可持续7~8天。该病主要侵犯鼻咽部，常见的有急性鼻炎、急性咽炎、急性扁桃体炎等。

致病原因

各种病毒和细菌均可引起感冒，但90%以上为病毒感染所致，主要有鼻病毒、呼吸道合胞病毒、流感病毒、副流感病毒、腺病毒等。病毒感染后可继发细菌感染，常见的为溶血性链球菌，其次为肺炎链球菌、流感嗜血杆菌等，近年来肺炎支原体亦不少见。婴幼儿时期由于上呼吸道的解剖和免疫特点而易患本病。

主要症状

局部症状：患儿易出现鼻塞、流鼻涕、打喷嚏、干咳、咽部不适和咽痛等症状，多于3~4天内自然痊愈。

全身症状：患儿易出现发热、烦躁不安、头痛、全身不适、乏力等症状。部分患儿有食欲不振、呕吐、腹泻、腹痛等消化道症状。腹痛多为脐周阵发性疼痛，无压痛，可能为肠痉挛所致。

饮食调理

1.宝宝可补充一些易于消化、高热量的流质或半流质食物，如稀粥、牛奶、菜汤、青菜汁等。

2.宝宝应多食用具有辅助治疗、抗病作用的食物，如葱、姜、蒜、紫苏叶、醋等。

3.预防小儿感冒，建议多吃柑橘类、苹果等富含维生素C的水果，有助于增强抵抗力。

饮食禁忌

1.忌饮食太油腻：饮食应清淡少油腻，既要满足宝宝的营养需要，又要增进食欲，可供给白米粥、小米粥、小豆粥等。

2.忌水分供给不足：保证水分的供给，可多喝温开水，也可多喝果汁，如山楂汁、猕猴桃汁、红枣汁、鲜橙汁、西瓜汁等。

日常防护

1.积极锻炼：儿童要适当进行户外活动及体育锻炼，持之以恒，这样才能增强体质，预防上呼吸道感染。

2.勤开窗：在通风不良的室内吸入病毒，可能更会使儿童呼吸道问题恶化，多开窗户，新鲜流通的空气自然会赶走病毒。此外，冬天的暖气别开太强，以免黏膜变干，削弱眼口鼻黏膜这条抵抗病毒第一防线的抵抗力。

3.正确的打喷嚏或咳嗽：人咳嗽或打喷嚏时，虽然大多数飞沫很快会掉落在地上并干掉，但的确也有部分会喷射出去。打喷嚏或咳嗽时，用面纸遮住口鼻，之后一定要将面纸丢弃。若以手遮口，应立即洗手。

对症按摩

治疗感冒的基本手法

掐揉合谷穴1分钟；按揉风门穴1分钟；推迎香穴1分钟。

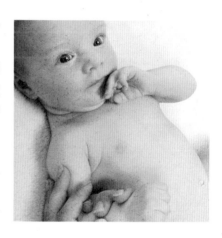

合谷穴：在手背，第1，2掌骨间，当第2掌骨桡侧的中点处。（简便取穴：以一手的拇指指关节横纹，放在另一手拇、食指之间的指蹼缘上，当拇指间下是穴。）主治外感表证、头痛、目赤肿痛、口眼歪斜、耳聋等。

风门穴：在第二胸椎棘突下，旁开1.5寸。主治感冒、咳嗽、发热、头痛、项强、胸背痛等。

迎香穴：在鼻翼外缘中点旁开0.5寸，当鼻唇沟中。主治鼻塞、口歪、面痒、胆道蛔虫症等。

风寒感冒

症见小儿后项强痛，怕寒怕风，打喷嚏，流清鼻涕，恶寒，不发热或发热不甚，无汗，周身酸痛，咳嗽痰白质稀，舌苔薄白。按摩应以辛温解表为要。

基本手法加推三关：按摩者用一只手握住宝宝的手，用另一只手拇指指腹沿小儿前臂桡侧自腕横纹推向肘横纹，即从阳池穴至曲池穴，推500次。

风热感冒

症见小儿发热重、微恶风、头胀痛、有汗、咽喉红肿疼痛、咳嗽、痰黏或黄、鼻塞黄涕、口渴喜饮、舌尖边红、苔薄白微黄。按摩以辛凉透表、清热解毒为要。

基本法加清天河水：按摩者握住婴幼儿的手，用另一手食指、中指指腹沿婴幼儿前臂内侧正中自腕横纹推至肘横纹，即从大陵穴至洪池穴，推100次。

对症食疗

食疗功效

生姜有散温祛热、补脾益胃、降逆止呕等功效，而红糖暖中调味。两者搭配食用，能够减少生姜对胃的刺激，且能缓解感冒症状，婴幼儿可适量饮用。

姜糖茶

原料：

生姜45克

调料：

红糖15克

做法：

1.洗净去皮的生姜切成细丝，备用。
2.砂锅中注入适量清水烧开，放入姜丝。
3.调至大火，煮1分30秒。
4.调至小火，倒入适量红糖。
5.搅拌均匀，至糖分完全溶解。
6.关火后盛出煮好的姜茶即可。

对症食疗

食疗功效

牛奶具有补益肺胃、生津润肠等功效；葱白有通阳活血、发汗解表的功效。两者搭配，适合作为提升幼儿抗病能力、缓解感冒症状的食物。

葱乳饮

原料：

葱白25克，牛奶100毫升

做法：

1.将择好的葱白用清水洗净。
2.在洗净的葱白上划一刀。
3.取一个干净的茶杯，倒入备好的牛奶，加入切好的葱白。
4.蒸锅中注入适量清水烧开，揭开盖，放入茶杯。
5.盖上盖，用小火蒸10分钟。
6.揭开盖，取出蒸好的葱乳饮，夹出葱段，待稍微放凉即可饮用。

金银花绿豆汤

原料：

水发金银花70克，水发绿豆120克

调料：

盐少许

做法：

1.砂锅中注入适量清水烧开。

2.倒入泡好的绿豆。

3.再放入洗好的金银花。

4.轻轻搅拌几下，使食材混合均匀。

5.盖上盖，煮沸后用小火炖煮约30分钟，至食材熟透。

6.揭开盖，加入盐调味。

7.搅拌匀，续煮一会儿，至汤汁入味。

8.关火后盛出煮好的绿豆汤，装入碗中即成。

食疗功效

金银花具有清热解毒、疏散风热的作用；绿豆能清热、利尿、祛痘，对感冒发热、暑热烦渴有改善作用。两者搭配，可用于小儿暑天感冒伴热痱者。

爽口西瓜西红柿汁

原料：

西红柿120克，西瓜300克，矿泉水少许

做法：

1.洗好的西红柿去蒂，对半切开，切成小块，备用。

2.取榨汁器，选择搅拌刀座组合，倒入西红柿。

3.加入切好的西瓜。

4.倒入矿泉水。

5.盖上盖，选择"搅拌"功能，榨取蔬果汁。

6.把榨好的蔬果汁倒入杯中即可。

食疗功效

本品有清热祛暑、生津止渴、利排尿的功效，对于幼儿暑天感冒，伴有的发热、心烦、口渴、食欲不振等症十分有效，故感冒幼儿可以适当食用。

发热

发热是指体温超过正常范围高限，是一种十分常见的小儿症状。正常小儿腋表体温为36~37℃，腋表体温如超过37.4℃可认为是发热。在多数情况下，发热是身体和入侵病原作战的一种保护性反应，是人体正在发动免疫系统抵抗感染的一个过程。但体温的异常升高与疾病的严重程度不一定成正比。

致病原因

引起小儿发热的原因有很多，可归纳为两大类，即感染性和非感染性。

感染性发热：呼吸系统感染比较多见，如上呼吸道感染、气管炎等；各种传染性疾病如荨麻疹、猩红热、流行性乙型脑炎等均可伴有发热。

非感染性发热：风湿性疾病，且以幼年型类风湿性关节炎较为常见。

主要症状

宝宝发热时，通常还伴有面红、烦躁、呼吸急促、吃奶时口鼻出气热、口发干、手脚发烫等症状。所谓低热是指腋温为37.5~38.0℃，中度热为38.1~39.0℃，高热为39.1~40.0℃，超高热则为41.0℃以上。

饮食调理

1.发热时宝宝饮食应以流质、半流质为主，宜选用牛奶、米汤、绿豆汤、少油的荤汤及各种果汁等。

2.宝宝体温下降后，适合少量多餐，饮食应以清淡、易消化为主，可以喂宝宝一些藕粉、代乳粉等。

3.发热是消耗性病症，因此应该给宝宝补充富含优质蛋白的清淡食物以补充营养，如肉、鱼等。

饮食禁忌

1.忌吃鸡蛋：鸡蛋所含营养的确丰富，但不宜在发热期间吃，这是因为鸡蛋内的蛋白质在体内分解后，会产生一定的额外热量，使机体热量增高，加剧宝宝发热症状，并延长发热时间，增加宝宝的痛苦。

2.忌食橘子：橘肉易生热生痰，宝宝食用后不利于发热的康复，还会引发咳嗽等并发症，对身体健康不利。

🌙 日常防护

1.物理降温：宝宝发热后行之有效的办法是物理降温，不要随便使用退热药物，以免引起毒性反应。

2.体温在38℃以下时：一般不需要特殊处理，但是要多观察，多给宝宝喂水。水有调节体温的功能，可使体温下降及补充机体丢失的水分。

3.体温在38～38.5℃时：宝宝应穿较薄的衣物，有利于宝宝的皮肤散热，并且室温要保持在15～25℃。

4.体温高于38.5℃时：可服用退热药，持续72小时以上，请及时就医。

🌙 对症按摩

治疗发热的基本手法

推攒竹200次；推坎宫200次；揉太阳穴1分钟。

攒竹穴：眉头凹陷中，眶上切迹处，约在目内眦直上。主治头痛、眉棱骨痛、眼睑下垂、视目不明、呃逆等。

坎宫：自眉头起沿眉向眉梢成一直线。可疏风解表、醒脑明目、止头痛等。

太阳穴：在前额两侧，外眼角延长线的上方。主治头痛、眼睛疲劳、牙痛等。

风寒发热

症见小儿发热恶寒或恶风，头痛，鼻塞，流鼻涕，身体疼痛，无汗，舌苔薄白。按摩以发汗解表、疏散风寒为要。

基本手法加掐揉二扇门：按摩者用拇指掐揉二扇门穴（中指与无名指之间的指蹼缘处），施术100次。

风热发热

症见小儿发热，微恶风寒，头痛，口渴，咳嗽，咽痛，舌尖红，苔薄白或薄黄。按摩以疏风清热、透表解毒为要。

基本手法加推脊柱：沿着宝宝的脊柱，从大椎穴开始，往下到尾骨之间的那条直线，用食指、中指指腹由上而下直推，每天推10次。

阴虚发热

症见小儿午后潮热，或者夜间发热，不欲近衣，烦躁，少寐多梦，盗汗，口干咽燥，舌质红，或有裂纹，苔少甚至无苔。按摩以补虚清热为要。

基本手法加补肾经：用拇指指端，自宝宝小指指根向小指指尖方向推小指末节掌面之螺纹面50～100次。

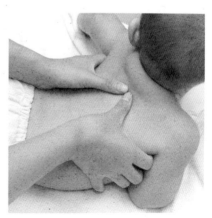

对症食疗

食疗功效

荷叶小米黑豆豆浆

◗ 原料：

荷叶8克，小米35克，水发黑豆55克

◗ 做法：

1.将备好的小米倒入碗中，放入已浸泡8小时的黑豆。

2.加入适量清水，用手搓洗干净。

3.将洗好的食材倒入滤网，沥干水分。

4.把荷叶、小米、黑豆倒入豆浆机中，注入清水，至水位线即可。

5.盖上豆浆机机头，选择"五谷"程序，再选择"开始"键，开始打豆浆。

6.待豆浆机运转约20分钟，即成豆浆。

7.断电，取下机头，把豆浆倒入滤网，滤取豆浆。

8.将豆浆倒入碗中，撇去浮沫即可。

小米具有补益虚损、和中益肾、清热解毒等功效；此外，本品中含有的荷叶、黑豆都有清热解暑的功效，能有效降低发热幼儿的体温，缓解发热症状。

对症食疗

食疗功效

山药茅根粥

◗ 原料：

山药30克，白茅根5克，大米200克，葱花少许

◗ 做法：

1.洗净去皮的山药切片，再切条，改切成丁，备用。

2.砂锅中注入适量清水，倒入洗净的白茅根，拌匀。

3.盖上盖，用大火煮开。

4.揭盖，倒入洗好的大米，拌匀。

5.煮开后转小火煮40分钟至大米熟软，倒入切好的山药，拌匀。

6.续煮20分钟至食材熟透。

7.关火后揭盖，盛出煮好的粥，装入碗中，撒上葱花即可。

山药含有多酚氧化酶及多种维生素、矿物质，具有清热消暑、益气养阴等功效；白茅根有清热解暑之效。两者搭配对缓解幼儿发热症状十分有益。

呕吐

呕吐是小儿常见的消化道症状。呕吐可以是独立的症状，也可以是原发病的伴随症状。单纯呕吐是把进食过多的生、冷食物及腐败有毒食品吐出来，也是机体的一种保护功能。呕吐经积极治疗，一般预后良好；但若呕吐严重则伤津耗液，日久可致脾胃虚损、气血化源不足而影响宝宝的生长发育。

致病原因

小儿呕吐，实际是由于食管、胃或肠道呈逆蠕动，并伴有腹肌强力痉挛性收缩，迫使食管或胃内容物从口、鼻腔涌出，其中进食过多、进水均会诱发呕吐。其主要致病原因包括：消化道器质性梗阻、消化道感染性疾病、身体功能异常、脑神经系统疾病、药物及毒物刺激胃肠道五种类型。

主要症状

呕吐前孩子会出现面色苍白、上腹部不适（幼儿常说腹痛）、厌食等症状。吐出物有时从口和鼻腔喷出。呕吐严重时，患儿有口渴尿少、精神萎靡不振、口唇红、呼吸深长、脱水酸中毒的临床表现。由于其病因多样，还可能同时伴有原发病的症状。

饮食调理

1.规范饮食：饮食要定时定量，食物宜新鲜、清洁，不要过食辛辣、炙烤和肥腻的食物。

2.饮食宜清淡易消化：呕吐止住后，宜吃清淡、容易消化的食物，如鲫鱼、新鲜的蔬果等。

饮食禁忌

1.饭前饭后忌冷饮：饭前饭后进食冷饮，会影响咽喉部位血液循环，降低呼吸道抵抗力，胃肠道局部容易受冷刺激，导致腹痛等现象引起呕吐。

2.忌呕吐后立即进食：小孩呕吐后有些父母担心小孩饿肚子，会立即喂食，但这样只会引起第二波呕吐，于事无补。较好的处理方法是先让呕吐的孩子禁食4~6小时，可适当饮生姜水或米汤，必要时静脉输液。待呕吐反应过去后，再予以清淡饮食，如稀饭、馒头等。

🐾 日常防护

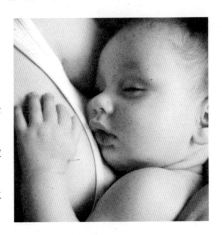

1.注意哺乳方式：新生儿、婴儿哺乳不宜过急，以防吞进空气；哺乳后竖抱小儿身体，让其趴在母亲的肩上，轻拍背部至打嗝，排出空气以防吐奶。

2.加强体育锻炼：患儿应当在平时加强体育锻炼，增强身体抵抗力，防止病毒及细菌的感染。

3.忌擅自使用止吐药：不要给宝宝吃任何止吐药，除非经过医生许可。

🐾 对症按摩

治疗呕吐的基本手法

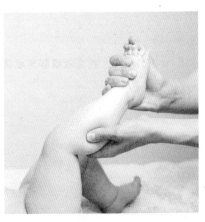

按揉内关穴、足三里穴、中脘穴各1分钟。

内关穴：在前臂掌侧，当曲泽与大陵连线上，腕横纹上2寸，掌长肌腱与桡侧腕屈肌腱之间。主治呕吐、呃逆、胃痛、心痛、心悸、胸闷、失眠、手指麻木等。

足三里穴：在小腿前外侧，当犊鼻下3寸，距胫骨前缘外开一横指。主治：呕吐、胃疼、噎膈、腹胀、泄泻、痢疾、便秘、肠痈、水肿、癫狂、虚劳羸瘦等。

中脘穴：在上腹部，前正中线上，当脐中上4寸。主治呕吐、吞酸、胃痛、腹胀、黄疸、失眠、痰多咳嗽等。

脾虚型呕吐

症见小儿饮食稍有不慎，即易呕吐，时作时止，胃纳不佳，食入难化，脘腹痞闷，口淡不渴，面白少华，倦怠乏力，舌质淡，苔薄白。按摩以健脾和胃为要。

基本手法加补脾经：按摩者以一手握住宝宝的手，使其掌心向上，以另一手拇指自宝宝拇指指尖推向指根方向，即沿拇指桡侧赤白肉际直推300次。

食滞型呕吐

症见小儿胃脘胀满，疼痛拒按，或呕吐酸腐及未消化食物，吐后痛减，食后加重，暖气反酸，大便不爽，舌质淡红，苔厚腻。按摩应以消食导滞、和胃降逆为要。

基本手法加清大肠：用拇指桡侧面或指腹，自宝宝虎口沿桡侧缘直推至宝宝食指指尖300次。

对症食疗

食疗功效

白萝卜含有维生素、芥子油、淀粉酶等营养成分，有清热、化痰、下气的作用，对于胃热呕吐、恶心吐酸、身热口渴的幼儿，能有效缓解其症状。

白萝卜稀粥

原料：

水发米碎80克，白萝卜120克

做法：

1.洗好去皮的白萝卜切成片，再切条形，改切成小块，装盘待用。

2.取榨汁机，选择搅拌刀座组合，放入白萝卜，注入少许温开水，盖上盖。

3.通电后选择"榨汁"功能，按"开始"键，榨取汁水。

4.断电后将汁水倒入碗中，备用。

5.砂锅置于火上，倒入白萝卜汁；用中火煮至沸；倒入米碎，搅拌均匀。

6.烧开后用小火煮约20分钟至食材熟透，搅拌一会儿。

7.关火后盛出煮好的稀粥即可。

对症食疗

食疗功效

陈皮具有行气运脾、调中燥湿之效，可治疗脾胃气滞导致的呕吐恶心、胸腹胀满等症；搭配山楂同食，对幼儿呕吐后食欲下降的症状有缓解作用。

山楂陈皮茶

原料：

鲜山楂50克，陈皮10克

调料：

冰糖适量

做法：

1.将洗净的山楂去除头尾，再切开；去除果核，把果肉切成小丁块，备用。

2.砂锅中注入适量清水烧开；撒上洗净的陈皮，倒入切好的山楂。

3.盖上盖，煮沸后用小火煮约15分钟，至食材析出有效成分。

4.揭盖，加入适量冰糖，搅拌匀。

5.用中火续煮至冰糖完全溶化。

6.关火后盛出煮好的陈皮茶，装入茶杯中即成。

腹泻

婴幼儿腹泻，又名婴幼儿消化不良，是婴幼儿期的一种急性胃肠道功能紊乱，以腹泻、呕吐为主的综合征，以夏秋季节发病率较高。患儿大多是2岁以下的宝宝，6～11个月的婴儿尤为高发。本病治疗得当，效果良好，但不及时治疗以至发生严重的水电解质紊乱时可危及小儿生命。

致病原因

小儿腹泻多由细菌感染所致，同时也有环境因素的影响。夏季腹泻通常由细菌感染所致，多为黏液便；秋季腹泻多由轮状病毒引起，以稀水样便多见，无腥臭味。腹泻起病可缓可急，需要对症治疗。

主要症状

小儿腹泻一般分为两种：轻型腹泻和重型腹泻。

轻型腹泻表现为全身症状不明显，体温正常或者低热，无水电解质紊乱及酸碱失衡。

重型腹泻表现较为严重，除有胃肠道症状外，还伴有严重的水电解质及酸碱平衡紊乱、明显的全身中毒症状。

饮食调理

1.短期禁食：腹泻发生后，短期禁食6～8小时以减轻胃肠负担，可口服5%葡糖糖水防止低血糖。

2.宜吃少渣饮食：腹泻期间的患者饮食应该尽量以低脂、少渣为主，这样才可以有效缓解腹泻症状。

饮食禁忌

1.忌食高蛋白食物：高蛋白食物很容易导致腹泻症状加重，甚至还会严重影响肠胃的正常消化功能。尤其是患有慢性腹泻的幼儿，有病程长、经常反复发作的特点，因此很容易影响到食物的消化吸收。

2.忌食富含膳食纤维的食物：腹泻期间，含有纤维素的食物尽量不吃，如芹菜、燕麦等，这些食物中所含有的粗纤维会加快肠胃蠕动，从而导致腹泻加重。

3.忌吃高糖高脂的食物：糖在人体的肠胃中会引起发酵而加重胀气，因此，含糖量较高的食物最好不要吃；另外，腹泻时宝宝的消化能力有所降低，也不要摄入过多高脂肪食物，以免导致滑肠，加重腹泻。

日常防护

1.预防脱水：宝宝腹泻时会消耗大量的水分，可用大麦茶等进行补充，防止脱水。

2.注意气候变化，及时添减衣服和被子，避免受暑或着凉，应特别注意腹部的保暖。

3.讲究饮食卫生，饭前便后要洗手。同时，要讲究食物放置，如冰箱内的食物必须煮沸后食用，更换一个干净的容器放置；当容器再使用时，一定要煮沸消毒。

对症按摩

治疗腹泻的基本手法

推七节骨200次；揉断腹泻穴100次；按揉小肠俞穴100次。

七节骨：位于腰骶正中，命门至尾骨端一线。向上推温阳止泻，主治腹泻、痢疾、伤寒后骨节痛等症。

断腹泻穴：位于足临泣与地五会之间，大约于脚小趾与四趾丫前一指半，近地五会穴约1分处是穴。以手食指轻按，凡腹泻患者，该处压痛。此穴位为止泻奇穴。

小肠俞穴：位于骶正中脊（第1骶椎棘突下）旁开1.5寸，约平第一骶后孔。主治腹泻、痢疾、遗尿、尿血、尿痛、腰骶痛等。

寒湿泻

症见小儿突然拉稀，粪便酸臭或腥臭，质地稀薄，鼻寒耳冷，寒颤，肠音响亮，面色淡白，口不渴，排尿色清，苔白腻，指纹色红。按摩应以散寒化湿为要。

基本手法加揉外劳宫穴：用拇指或中指指端揉宝宝外劳宫穴（掌背中央与内劳宫相对处）3分钟。

湿热泻

症见小儿腹痛即泻，急迫暴注，色黄褐味臭，肛门灼热，身热，口渴，尿少色黄，苔黄腻，指纹色红。按摩应以清热利湿为要。

基本手法加揉天枢穴：用拇指按顺时针或逆时针方向揉动宝宝天枢穴（脐两侧旁开2寸）2分钟。

伤食泻

大便泄泻，夹有不消化食物，大便酸腐臭秽，或如败卵，或伴有呕吐、口臭、舌苔腐腻。按摩应以运脾消食为要。

基本手法加揉板门：按摩者拇指指端沿宝宝大鱼际中点揉手掌大鱼际平面200次。

对症食疗

蒸苹果

● 原料：

苹果1个

● 做法：

1. 将洗净的苹果对半切开；削去外皮。
2. 把苹果切成瓣，去核；将苹果切成片，改切成丁。
3. 把切好的苹果丁装入碗中。
4. 将装有苹果的碗放入烧开的蒸锅中。
5. 盖上盖，用中火蒸10分钟；揭盖，将蒸好的苹果取出。
6. 冷却后即可食用。

食疗功效

　　苹果的营养价值很高，它所含的果胶属于可溶性纤维，比较细腻，对肠道的刺激很小，并且含有鞣酸，对小儿腹泻有收敛作用。

对症食疗

核桃扁豆泥

● 原料：

干扁豆200克，核桃仁30克，黑芝麻粉25克

● 调料：

白糖7克，食用油适量

● 做法：

1. 核桃仁切碎，剁成细末，待用。
2. 取一个蒸碗，倒入扁豆，加入少许清水，待用；蒸锅上火烧开，放入蒸碗。
3. 用中火蒸约1小时至其熟软；取出蒸碗，放凉待用。
4. 将扁豆去除豆衣，碾碎，剁成细末。
5. 煎锅置于火上，淋食用油烧热；倒入扁豆末，炒匀，倒入核桃、黑芝麻粉。
6. 加入白糖，翻炒至白糖溶化。
7. 关火后盛出炒好的扁豆泥即可。

食疗功效

　　核桃有健脑益智、补虚强体的功效；干扁豆可用于辅助治疗脾胃虚弱、泄泻、呕吐等症。两者搭配食用，对缓解幼儿腹泻的症状有效。